技工院校"十四五"规划室内设计专业系列教材
中等职业技术学校"十四五"规划艺术设计专业系列教材

室内设计原理

文健 陆妍君 刘锐 陶德平 主编
葛巧玲 郑晓燕 沈嘉彦 副主编

华中科技大学出版社
http://www.hustp.com
中国·武汉

内容提要

本书分为室内设计概述,室内空间设计,室内人体工程学,室内软装设计,室内色彩、照明与装饰材料设计,居住空间设计六个项目。本书深入分析与讲解室内设计的原理、方法和技巧,帮助学生建立较为完善的室内设计理论体系,并在此基础上通过居住空间设计案例的实践,培养学生运用理论知识进行室内空间功能装修和美学装饰的能力。

本书理论讲解细致,内容全面,条理清晰,每个项目都有相应的学习任务,可以帮助学生更好地掌握学习要点。

图书在版编目(CIP)数据

室内设计原理/文健等主编. — 武汉:华中科技大学出版社,2021.1(2024.8 重印)
ISBN 978-7-5680-6771-3

Ⅰ.①室… Ⅱ.①文… Ⅲ.①室内装饰设计 – 高等学校 – 教材 Ⅳ.① TU238.2

中国版本图书馆 CIP 数据核字(2020)第 254564 号

室内设计原理
Shinei Sheji Yuanli

文健 陆妍君 刘锐 陶德平 主编

策划编辑:	金 紫
责任编辑:	金 紫 周怡露
装帧设计:	金 金
责任校对:	周怡露
责任监印:	朱 玢
出版发行:	华中科技大学出版社(中国•武汉) 电　话:(027)81321913
	武汉市东湖新技术开发区华工科技园 邮　编:430223
录　　排:	天津清格印象文化传播有限公司
印　　刷:	武汉科源印刷设计有限公司
开　　本:	889mm×1194mm 1/16
印　　张:	9
字　　数:	268 千字
版　　次:	2024 年 8 月第 1 版第 4 次印刷
定　　价:	59.80 元

本书若有印装质量问题,请向出版社营销中心调换
全国免费服务热线 400-6679-118 竭诚为您服务
版权所有 侵权必究

技工院校"十四五"规划室内设计专业系列教材
中等职业技术学校"十四五"规划艺术设计专业系列教材
编写委员会

● 编写委员会主任委员

文健（广州城建职业学院科研副院长）

王博（广州市工贸技师学院文化创意产业系室内设计教研组组长）

罗菊平（佛山市技师学院艺术与设计学院副院长）

叶晓燕（广东省城市技师学院环境设计学院院长）

宋雄（广州市工贸技师学院文化创意产业系副主任）

谢芳（广东省理工职业技术学校室内设计教研室主任）

吴宗建（广东省集美设计工程有限公司山田组设计总监）

曹建光（广东建安居集团有限公司总经理）

汪志科（佛山市拓维室内设计有限公司总经理）

● 编委会委员

张宪梁、陈淑迎、姚婷、李程鹏、阮健生、肖龙川、陈杰明、廖家佑、陈升远、徐君永、苏俊毅、邹静、孙佳、何超红、陈嘉銮、钟燕、朱江、范婕、张淏、孙程、陈阳锦、吕春兰、唐楚柔、高飞、宁少华、麦绮文、赖映华、陈雅婧、陈华勇、李儒慧、阚俊莹、吴静纯、黄雨佳、李洁如、郑晓燕、邢学敏、林颖、区静、任增凯、张琮、陆妍君、莫家婷、叶志鹏、邓子云、魏燕、葛巧玲、刘锐、林秀琼、陶德平、梁均洪、曾小慧、沈嘉彦、李天新、潘启丽、冯晶、马定华、周丽娟、黄艳、张夏欣、赵崇斌、邓燕红、李魏巍、梁露茜、刘莉萍、熊浩、练丽红、康弘玉、李芹、张煜、李佑广、周亚蓝、刘彩霞、蔡建华、张嫄、张文倩、李盈、安怡、柳芳、张玉强、夏立娟、周晟恺、林挺、王明觉、杨逸卿、罗芬、张来涛、吴婷、邓伟鹏、胡彬、吴海强、黄国燕、欧浩娟、杨丹青、黄华兰、胡建新、王剑锋、廖玉云、程功、杨理琪、叶紫、余巧倩、李文俊、孙靖诗、杨希文、梁少玲、郑一文、李中一、张锐鹏、刘珊珊、王奕琳、靳欢欢、梁晶晶、刘晓红、陈书强、张劼、罗茗铭、曾蔷、刘珊、赵海、孙明媚、刘立明、周子渲、朱苑玲、周欣、杨安进、吴世辉、朱海英、薛家慧、李玉冰、罗敏熙、原浩麟、何颖文、陈望望、方剑慧、梁杏欢、陈承、黄雪晴、罗活活、尹伟荣、冯建瑜、陈明、周波兰、李斯婷、石树勇、尹庆

● 总主编

文健，教授，高级工艺美术师，国家一级建筑装饰设计师。全国优秀教师，2008年、2009年和2010年连续三年获评广东省技术能手。2015年被广东省人力资源和社会保障厅认定为首批广东省室内设计技能大师，2019年被广东省教育厅认定为建筑装饰设计技能大师。中山大学客座教授，华南理工大学客座教授，广州大学建筑设计研究院室内设计研究中心客座教授。出版艺术设计类专业教材120种，拥有自主知识产权的专利技术130项。主持省级品牌专业建设、省级实训基地建设、省级教学团队建设3项。主持100余项室内设计项目的设计、预算和施工，内容涵盖高端住宅空间、办公空间、餐饮空间、酒店、娱乐会所、教育培训机构等，获得国家级和省级室内设计一等奖5项。

● 合作编写单位

（1）合作编写院校

广州市工贸技师学院	东莞实验技工学校
佛山市技师学院	广东省粤东技师学院
广东省城市技师学院	珠海市技师学院
广东省理工职业技术学校	广东省工业高级技工学校
台山市敬修职业技术学校	广东省工商高级技工学校
广州市轻工技师学院	广东江南理工高级技工学校
广东省华立技师学院	广东羊城技工学院
广东花城工商高级技工学校	广州市从化区高级技工学校
广东省技师学院	广州造船厂技工学校
广州城建技工学校	海南省技师学院
广东岭南现代技师学院	贵州省电子信息技师学院
广东省国防科技技师学院	
广东省岭南工商第一技师学院	
广东省台山市技工学校	
茂名市交通高级技工学校	
阳江技师学院	
河源技师学院	
惠州市技师学院	
广东省交通运输技师学院	
梅州市技师学院	
中山市技师学院	
肇庆市技师学院	
江门市新会技师学院	
东莞市技师学院	
江门市技师学院	
清远市技师学院	
山东技师学院	
广东省电子信息高级技工学校	

（2）合作编写企业

广东省集美设计工程有限公司
广东省集美设计工程有限公司山田组
广州大学建筑设计研究院
中国建筑第二工程局有限公司广州分公司
中铁一局集团有限公司广州分公司
广东华坤建设集团有限公司
广东翔顺集团有限公司
广东建安居集团有限公司
广东省美术设计装修工程有限公司
深圳市卓艺装饰设计工程有限公司
深圳市深装总装饰工程工业有限公司
深圳市名雕装饰股份有限公司
深圳市洪涛装饰股份有限公司
广州华浔品味装饰工程有限公司
广州浩弘装饰工程有限公司
广州大辰装饰工程有限公司
广州市铂域建筑设计有限公司
佛山市室内设计协会
佛山市拓维室内设计有限公司
佛山市星艺装饰设计有限公司
佛山市三星装饰设计工程有限公司
佛山市湛江设计力量
广州瀚华建筑设计有限公司
广东岸芷汀兰装饰工程有限公司
广州翰思建筑装饰有限公司
广州市玉尔轩室内设计有限公司
武汉半月景观设计公司
惊喜（广州）设计有限公司

序言

技工教育是中国职业技术教育的重要组成部分，主要承担培养高技能产业工人和技术工人的任务。随着"中国制造2025"战略的逐步实施，建设一支高素质的技能人才队伍是实现规划目标的必备条件。如今，技工院校的办学水平和办学条件已经得到很大的改善，进一步提高技工院校的教育、教学水平，提升技工院校学生的职业技能和就业率，弘扬和培育工匠精神，打造技工教育的特色，已成为技工院校的共识。而技工院校高水平专业教材建设无疑是技工教育特色发展的重要抓手。

本套规划教材以国家职业标准为依据，以培养学生的综合职业能力为目标，以典型工作任务为载体，以学生为中心，根据典型工作任务和工作过程设计教材的项目和学习任务。同时，按照职业标准和学生自主学习的要求进行教材内容的设计，结合理论教学与实践教学，实现能力培养与工作岗位对接。

本套规划教材的特色在于，在编写体例上与技工院校倡导的"教学设计项目化、任务化，课程设计教、学、做一体化，工作任务典型化，知识和技能要求具体化"紧密结合，体现任务引领实践的课程设计思想，以典型工作任务和职业活动为主线设计教材结构，以职业能力培养为核心，将理论教学与技能操作相融合作为课程设计的抓手。本套规划教材在理论讲解环节做到简洁实用，深入浅出；在实践操作训练环节体现以学生为主体的特点，创设工作情境，强化教学互动，让实训的方式、方法和步骤清晰明确，可操作性强，并能激发学生的学习兴趣，促进学生主动学习。

为了打造一流品质，本套规划教材组织了全国40余所技工院校共100余名一线骨干教师和室内设计企业的设计师（工程师）参与编写。校企双方的编写团队紧密合作，取长补短，建言献策，让本套规划教材更加贴近专业岗位的技能需求和技工教育的教学实际，也让本套规划教材的质量得到了充分保证。衷心希望本套规划教材能够为我国技工教育的改革与发展贡献力量。

技工学校"十四五"规划室内设计专业教材 总主编

教授/高级技师 **文健**

2020年6月

前言

室内设计是一门专业性较强的设计门类。室内设计师的工作目的是为委托人创造美观、舒适的室内空间环境，实现功能性与艺术性的完美结合。室内设计师应密切关注委托人的意愿，了解委托人的需求，运用专业知识实现委托人对于室内空间的理想。这就需要室内设计师具备过硬的专业技术能力和专业素养。

室内设计原理是室内设计专业的一门必修课程，这门课程对提高学生的室内设计水平起着至关重要的作用。本书在编写上与广东省优秀技工院校倡导的"教学设计项目化、任务化，课程设计教育实践一体化，工作任务典型化，知识和技能要求具体化"等要求紧密结合，体现任务引领、实践导向的课程设计思想，以典型工作任务和职业活动为主线设计教材结构；同时以职业能力培养为核心，将理论教学与技能操作融会贯通。在理论讲解环节做到简洁实用，深入浅出；在实践操作训练环节以学生为主体，创设工作情境，强化教学互动，激发学生的学习兴趣并调动积极性。

本书分为室内设计概述，室内空间设计、室内人体工程学，室内软装设计、室内色彩、照明与装饰材料设计，居住空间设计等专业知识，使学生全面、系统地了解其中的设计原理、方法和技巧，帮助学生建立较为完善的室内设计理论体系，并在此基础上通过居住空间设计案例的实践，培养学生运用理论知识进行室内空间装修和美学装饰的能力。

本书在编写过程中得到了广州城建职业学院、广东省城市建设技师学院、广东省华立技师学院、广东省交通运输高级技工学校、茂名市交通高级技工学校以及其他兄弟院校师生的大力支持和帮助，在此表示衷心的感谢。由于编者的学术水平有限，诚挚欢迎读者对书中的不当之处予以批评指正。

编者
2020.9

课时安排（建议课时64）

项目	课程内容	课时	
项目一 室内设计概述	学习任务一　室内设计的基本概念	2	4
	学习任务二　室内设计风格	2	
项目二 室内空间设计	学习任务一　室内空间设计概述	2	8
	学习任务二　室内空间设计类型	2	
	学习任务三　室内空间设计要素	4	
项目三 室内人体工程学	学习任务一　室内人体工程学原理	4	8
	学习任务二　人体工程学在室内设计的应用	4	
项目四 室内软装设计	学习任务一　室内家具设计	4	8
	学习任务二　室内陈设设计	4	
项目五 室内色彩、照明与装饰材料设计	学习任务一　室内色彩设计	4	12
	学习任务二　室内照明设计	4	
	学习任务三　室内装饰材料设计与应用	4	
项目六 居住空间设计	学习任务一　玄关和客厅设计	4	24
	学习任务二　卧室设计	8	
	学习任务三　餐厅和书房设计	4	
	学习任务四　厨房和卫生间设计	8	

目 录

项目 一　室内设计概述

学习任务一　室内设计的基本概念 ……………………………002
学习任务二　室内设计风格 …………………………………….011

项目 二　室内空间设计

学习任务一　室内空间设计概述 ………………………………021
学习任务二　室内空间设计类型 ………………………………026
学习任务三　室内空间设计要素 ………………………………035

项目 三　室内人体工程学

学习任务一　室内人体工程学原理 ……………………………041
学习任务二　人体工程学在室内设计的应用 …………………047

项目 四　室内软装设计

学习任务一　室内家具设计 ……………………………………054
学习任务二　室内陈设设计 ……………………………………068

项目 五　室内色彩、照明与装饰材料设计

学习任务一　室内色彩设计 ……………………………………079
学习任务二　室内照明设计 ……………………………………089
学习任务三　室内装饰材料设计与应用 ………………………096

项目 六　居住空间设计

学习任务一　玄关和客厅设计 …………………………………104
学习任务二　卧室设计 …………………………………………114
学习任务三　餐厅和书房设计 …………………………………119
学习任务四　厨房和卫生间设计 ………………………………123

项目一
室内设计概述

学习任务一　室内设计的基本概念
学习任务二　室内设计风格

学习任务一 室内设计的基本概念

教学目标

（1）专业能力：帮助学生了解室内设计定义、特点以及基本概念、任务、目的，使学生对室内设计有一定的理解，掌握室内设计的基础知识，能结合不同的项目灵活运用室内设计程序和方法。

（2）社会能力：帮助学生了解室内设计涵盖的范围及其功能要求，能够灵活、熟练地运用到设计中；了解室内设计师应具备的能力和素养，为以后的思维模式训练和形式语言表达打下扎实的基础。

（3）方法能力：大量阅读优秀的设计实例，了解相关的室内设计发展史，关注国内外室内设计的流行趋势，提升资料收集、整理和自主学习能力，设计案例分析应用能力和创造性思维。

学习目标

（1）知识目标：掌握室内设计的概念和特点，了解设计师的主要职责。

（2）技能目标：掌握室内设计的基本要素和依据、基本程序和方法，能结合不同的室内设计项目进行分析并有效表达。

（3）素质目标：能够从室内设计的专业角度鉴赏设计案例，培养综合审美能力。

教学建议

1. 教师活动

（1）教师展示室内设计图片和实战设计案例，进行分析与讲解，引导和启发学生的设计思维、培养学生的学习兴趣，提高自主学习能力。

（2）遵循"以教师为主导，以学生为主体"的原则，将多种教学方法有机结合，激发学生的积极性，变被动学习为主动学习。

2. 学生活动

（1）通过老师的讲解，让学生自行分组，对优秀的设计案例进行展示和讲解，训练语言表达能力和提高总结能力。

（2）课后大量阅读成功的设计案例，提高室内设计的鉴赏能力，为今后学习奠定扎实的基础。

一、学习问题导入

室内环境直接关系到人的生活、生产活动的质量。如图 1-1 所示，家具摆放和灯光设计充分考虑了人的健康和舒适的功能需求，柔软的布艺沙发让人坐上去更加舒适，柔和的灯光设计让客厅更加温馨。对于室内环境，人们除了有功能方面的要求外，还有精神功能方面的要求，希望室内环境与建筑物类型、个人风格相适应。如图 1-2 所示，窗前花瓶的配景让人心旷神怡。

图 1-1 室内居住空间客厅设计

图 1-2 室内居住空间书房设计

二、学习任务讲解

1. 室内设计定义和特点

室内设计应根据建筑物的使用性质，运用技术手段，创造功能合理、舒适优美、满足人们的物质与精神需要的室内环境。室内设计所创造的空间环境既有使用价值，又满足相应的功能需求，同时反映了历史文脉、建筑风格和环境氛围等精神因素。

室内设计应以人为本。现代室内设计是包括视觉环境和工程技术方面，以及声、光、热等物理环境，氛围、意境等心理环境和文化内涵等内容。

关于室内设计，中外的优秀设计师有许多观点和看法。建筑师戴念慈先生认为"室内设计的本质是空间设计，室内设计就是对室内空间的物质技术处理和美化"。建筑师普拉特纳则认为"室内设计比包容这些内部空间的建筑物设计要困难得多，这是因为在室内你必须更多地与人打交道，研究人们的心理因素，以及如何能使他们感到舒适、兴奋。经验证明，这比与结构、建筑体系打交道要费心得多，也要求有更加专业的训练"。美国前室内设计协会主席亚当认为"室内设计的主要目的是给予各种处于室内环境中的人以舒适和安全感，因此室内设计与生活息息相关，不能脱离生活盲目地运用物质材料去装饰空间"。

室内设计的定义与室内装饰、室内装潢、室内装修均有差异，相对于室内设计而言，后三者的定义都具有一定的侧重性，其内容范围较小。室内装饰与室内装潢主要侧重于对室内环境的视觉要求，注重施工操作、室内各界面效果、装饰材料选择配置等；室内装修主要着重于施工工艺、材料配置、装饰构造等方面的研究。而室内设计是一门综合性学科，涉及的范围非常广泛，包括声学、力学、光学、美学、哲学、心理学和色彩学等。

室内设计具有以下鲜明特点。

（1）室内设计强调"以人为本"的设计宗旨。

室内设计的主要目的是创造舒适美观的室内环境，满足人们多元化的物质和精神生活需要，确保人们的安全和身心健康，协调人与人、人与环境等关系，科学地了解人们的生理、心理特点和视觉感受，以满足人们对室内环境设计的要求。

（2）室内设计是工程技术与艺术的结合。

室内设计强调工程技术和艺术创造的相互渗透与结合，运用各种艺术和技术的手段，使设计达到最佳效果，创造令人愉悦的室内空间环境。科学技术不断进步，新材料、新工艺不断涌现和更新，为室内设计提供了无穷的设计素材和灵感。运用这些物质、技术手段结合艺术的美学，创造出具有表现力和感染力的室内空间，使室内设计进一步为大众服务。

（3）室内设计是一门可持续发展的学科。

当今社会生活节奏日益加快，室内功能也日益复杂多变，装饰材料、室内设备的更新换代不断加快，室内设计的"无形折旧"更趋明显，人们对室内环境的审美也随着时间的推移而不断改变。这就要求设计师必须时刻站在时代的前沿，创造出具有时代特色和文化内涵的室内空间环境，如图1-3～图1-5所示。

图1-3　室内居住空间设计

图1-4 室内办公空间设计

图1-5 室内餐饮空间设计

2. 室内设计程序

室内设计程序是设计人员在长期设计实践中逐渐摸索出来的一种有目的的组织行为,既有对经验的规律性总结,也会随设计活动的发展不断被赋予新的内容。对系统性较强的室内设计项目,合理安排室内设计程序十分必要。由于设计内容不同,室内设计的程序也会有一定的变化,但从总体上看,室内设计主要分为前期准备、方案设计、方案实施以及方案评估四个阶段。

(1)前期准备阶段。

① 现场勘测与记录。

室内设计工作大多始于对已经成型的室内空间进行设计和规划,内部空间的限定性特点往往会为室内设计工作增添不少制约因素。对于具体的室内设计项目,设计师首先应该对现场进行细致的勘测,不能忽视室内空间的细节部分,如门、窗、楼梯、拐角等的尺寸和空间转换的关系等。在勘测之余,设计师应在现场停留一段时间,认真观察和记录现场的朝向、采光、通风、原有水电配套系统以及室外环境。设计师可以通过文字、手绘草图、拍照、录像等多种形式进行记录,尽量避免重复勘测。

② 采访客户。

采访客户可以使设计师迅速掌握设计项目的使用要求、性质、规模、使用特色以及工程造价等重要信息。在获得信息的同时,设计师应重视与客户之间的沟通,充分尊重客户的意见,并积极提出自己的意见与建议,提升项目的科学性与可行性。对于某些复杂、特殊的项目,采访空间使用者也是十分必要的,例如餐饮、娱乐、教育等公共空间,都需要与使用者深入沟通和交流,充分了解其使用要求和功能需求。设计师与客户的交流应随时进行,以便及时发现、解决问题,避免设计隐患及遗留问题,否则会增加工程造价且延误工程进度。

③ 收集相关资料。

根据项目现场情况及客户提供的信息收集相关资料是前期准备阶段的重要工作。特别是对一些性质特殊、工程复杂的设计项目,了解和熟悉与之有关的设计规范与标准、收集和分析相关的资料十分必要,查阅同类设计项目的资料也是一种好方法。

④ 编制项目程序。

在设计工作开始之前,依据前期准备工作内容编制项目的具体实施程序,并应严格安排项目进度,以保证设计效果和质量。

(2)方案设计阶段。

① 绘制方案草图。

收集和整理与设计任务相关的资料,构思设计草案,并绘制方案草图。方案草图包括平面布置草图和立面设计草图。绘制方案草图必须结合实际尺寸和建筑结构的要求进行创作,保证方案最终能够落地。

② 确定初步方案。

根据先前的分析和结论,设计师结合自身专业知识和工作经验,对室内空间进行创造性的规划组合,通过草图表达构思要点,包括室内功能分区、交通人流、空间形象、空间分割方法以及室内家具、摆设的布置等,经过进一步的评估、修订、发展,最终形成一个或几个成型的方案。

③ 确定实施方案。

通过与客户的再次沟通,优化方案草图,制作 PPT 设计文件(主要包括设计说明书、设计意向图、初步平面布局图和主要空间效果图),并选择一套最适宜的方案确定为最终实施方案。这个过程需要设计师有较强的语言表达能力、沟通能力以及图像表现力,使二维的图纸内容变成三维的空间形态,有助于客户理解设计师的意图,避免在方案施工后产生矛盾或造成经济损失。

④ 绘制施工图。

确定实施方案后，就可以绘制施工图了。施工图是设计师与工程承包方、施工技术人员沟通的重要参考资料。精准绘制施工图是保证项目顺利完成的重要环节，因此必须严格遵守国家标准的制图规范，保证施工图的可识别性。施工图除了室内设计平面图、天花图、立面图外，还包括放大比例的细部节点图、大样图和材料实样图等，与之配套的还有水、电、暖、空调、消防等设施管线图。施工图不能完全表现清楚的内容应通过文字进行说明。同时，还要提供给客户工程预算明细表和工程施工进度表。

室内设计平面图主要反映空间的布局关系和基本尺寸、家具的布置、门窗的位置、地面的标高和材料铺设等，如图 1-6 ～图 1-8 所示。

图 1-6 室内设计平面图一（单位：mm）
（学生作品：塱头古村民宿设计）

图 1-7 室内设计平面图二（单位：mm）
（学生作品：塱头古村民宿设计）

图 1-8 室内设计平面图三（单位：mm）
（学生作品：塱头古村民宿设计）

室内设计天花图主要反映吊顶的形式、标高和材料,照明线路、灯具和开关的布置,以及空调系统出风口的位置等,如图 1-9 所示。

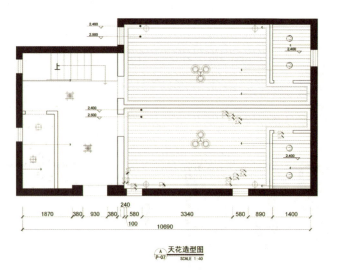

图 1-9 室内设计天花图(单位:mm)
(学生作品:塱头古村民宿设计)

室内设计立面图主要反映墙面长、宽、高的尺寸,墙面造型的样式、尺寸、色彩和材料,以及墙面陈设品的形式内容,如图 1-10 所示。

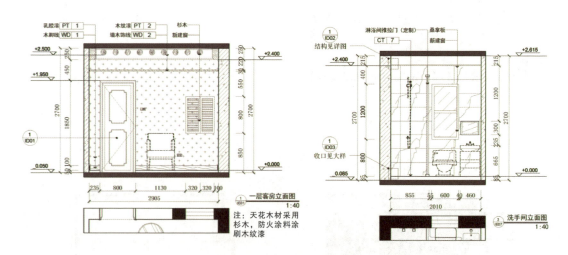

图 1-10 室内设计立面图(单位:mm)
(学生作品:塱头古村民宿设计)

室内设计剖面图主要反映空间的高低落差关系和家具、造型的纵深结构,如图 1-11 所示。室内设计节点图主要反映家具和造型的细节结构,是剖面图的有效补充,如图 1-12 所示。

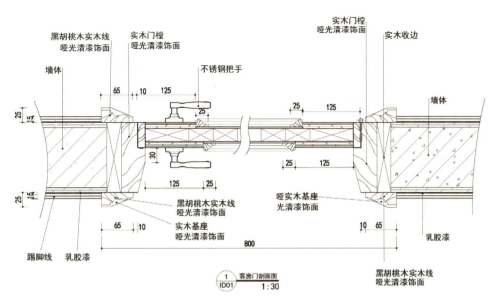

图 1-11 室内设计剖面图（单位：mm）
（学生作品：塱头古村民宿设计）

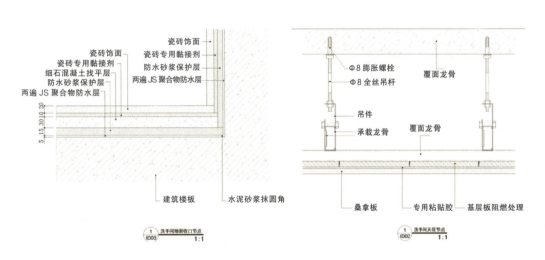

图 1-12 室内设计节点图（单位：mm）
（学生作品：塱头古村民宿设计）

（3）方案实施阶段。

在这一阶段，设计师应与施工方进行沟通交流和技术交底，对图纸中的疑难问题给予解释并进行合理的设计调整、修改和完善。施工过程中装饰材料的样式、色彩、规格选择，以及室内家具的挑选也是设计师义不容辞的责任。与此同时，设计师还应作为客户的代表，经常赴现场进行审查和技术指导，及时解决设计与施工之间的衔接问题，监督方案的实施，保证工程在合同规定的期限内按时按质完成。施工结束后，设计师应陪同客户一起验收工程，并做好相关备案材料。

（4）方案评估阶段。

方案评估阶段是在工程交付使用后的合理时间内，由客户配合，对工程进行连续性评估的活动，是针对设计及工程的总结性评价。方案评估可以通过问卷调查、口头访问等方式进行。方案评估的目的在于了解工程是否达到预期的设计意图、客户对该设计及工程的满意度，发现设计不够完善时，应进行修改与完善。同时，在保修期间为客户提供维修服务。

3. 室内设计师的职责与修养

室内设计师的职责是为人们创造舒适美观的室内环境，这种职业特点决定了设计师的服务对象主要是人。因此，人的不同年龄、职业、爱好和审美倾向等因素制约着设计师的工作。设计师必须满足不同类型的客户对室内空间的审美要求。有的客户喜欢雍容华贵的古典风格；有的客户喜欢休闲轻松的简约风格；有的客户喜欢时尚激情的现代风格；还有的人喜欢自然野性的乡村风格。客观上，人人都满意的设计是不存在的，设计师必须善于把握主流的审美倾向，全面、系统地分析客户的实际情况和提出的要求，设计出具有共性的、为客户所接受的室内设计方案。总的来说，室内设计师的职责主要包括以下三方面。

（1）创造合理的室内空间关系，主要是根据空间尺度对室内空间进行合理的规划、调整和布局，满足各空间的功能要求。

（2）创造舒适美观的空间环境，主要对室内设备、家居、陈设、绿化、造型、色彩和照明等要素进行精心设计和布置，力求体现室内空间环境的艺术性。

（3）注重体现"以人为本"的设计理念，创造有文化特色、个性鲜明的室内空间环境。

为了满足不同客户对室内空间的要求，设计师必须具备过硬的专业知识和良好的职业修养。

首先，设计师应具备较强的空间想象能力、思维能力和表现能力，熟练掌握人体工程学知识，了解装饰材料的性能、样式和价格，并能够将初步构思的空间设计方案通过手绘制图或电脑制图的方式准确真实地展现给客户。只有处理好这些专业问题，才能使设计方案最终为客户所接受。

其次，绘画是艺术的重要表现形式，绘画能力的高低在一定程度上体现设计师水平的高低。优秀的设计师不仅应具备较深厚的美术功底和较高的艺术修养，而且应善于吸收传统文化的精髓，深入生活并从中获取创作的源泉，不断拓宽创作思路，创造具有独特艺术魅力的作品。

最后，设计师应该具备交叉学科的综合应用能力，如了解一定的经济与市场营销知识，能处理各种公共关系，掌握行业标准的变化动态、装饰材料的更新及新技术、新工艺的应用等。

三、学习任务小结

通过本节学习，我们已经初步了解了室内设计的基本概念，课后还要通过实践练习和学习国内外优秀的室内设计作品案例，对室内设计知识做总结概括，全面提升自己的综合审美能力。

四、课后作业

（1）制作一份室内设计方案，用PPT展示。

（2）收集和整理10套国内外优秀的室内设计作品。

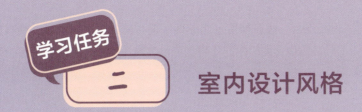

教学目标

（1）专业能力：帮助学生了解室内设计的不同风格样式和风格分类，对室内设计的风格特征有一定的认识，能结合不同的项目灵活运用不同风格。

（2）社会能力：能根据要求，打造客户满意的室内设计风格。

（3）方法能力：在生活和学习中留意观察不同类型的室内设计风格，培养创造性思维以及提升资料收集整理、自主学习、案例分析应用能力。

学习目标

（1）知识目标：掌握室内设计的主要风格特征和代表样式。

（2）技能目标：掌握室内设计的不同风格特征，并熟练运用到实际设计案例中。

（3）素质目标：掌握每个发展阶段的室内设计风格和设计手法，培养自己的综合审美能力。

教学建议

1. 教师活动

（1）教师通过对各类室内设计风格图片的展示分析与讲解，引导和启发学生发掘各类室内设计风格的典型特征，同时，培养学生归纳和整理资料的能力。

（2）遵循"教师为主导，学生为主体"的原则，将多种教学方法（如分组讨论法、现场讲演法、横向类比法等）有机结合，激发学生的积极性，变被动学习为主动学习。

2. 学生活动

（1）通过老师的讲解，让学生自行分组对优秀的室内设计风格案例进行展示和讲解，训练语言表达能力和提高思维总结能力。

（2）结合课堂学习，阅读相关书籍和成功的设计案例，拓展室内设计风格理论知识，提高室内设计的鉴赏能力，为今后工作奠定扎实的基础。

一、学习问题导入

观察图1-13和图1-14两组图片,大家能否看出这两组图片有什么区别?通过观察,我们发现不同的室内装修有自己的风格特征,不同的风格代表鲜明的时代特色和地方特色,今天我们要了解的就是室内设计风格。

图1-13 不同室内风格的表现一

图1-14 不同室内风格的表现二

二、学习任务讲解

1. 室内设计风格的含义

风格即风度品格,体现创作中的艺术特色和个性。室内设计风格体现特定历史时期的文化,蕴含一个时代人们的居住要求和品位。通过室内设计风格的学习,将各时期室内设计风格中的精华合理、有效地运用到当代室内设计中,营造良好的室内环境。

室内设计风格，是通过人们的创作构思逐渐发展而来的具有代表性的室内设计形式。室内设计风格的形成与当时的人文因素和自然条件密切相关，不同的历史时期蕴含着不同的历史文化，使室内设计风格呈现多元化的特点，同时也与艺术史、文学史和家具史紧密联系。

随着我国经济飞速发展，人民生活水平不断提高，室内设计越来越受到人们的关注。在为客户进行室内设计时，客户会根据自己的喜好要求室内空间有自己独特的风格和品位。设计师应根据客户要求定位设计，创造既符合客户意愿，又有特色、品位和历史文化积淀的室内环境。

2. 室内设计风格的分类

室内设计主要风格有欧式古典风格、新中式风格、现代简约风格和新装饰主义风格。

（1）欧式古典风格。

欧式古典风格是以欧洲古代经典的室内设计为依托，将历史已有的造型样式、装饰图案和陈设运用到室内空间装饰上，营造出精美奢华、富丽堂皇的空间效果的设计形式。欧式经典造型样式包括古希腊柱式、古罗马券拱、壁炉和雕花石膏线条等。欧式古典风格在造型设计上讲究对称手法，体现庄重、大气、典雅的特点。

欧式古典风格的代表性装饰样式与陈设如下。

① 由具有对称与重复效果、带有雕花的装饰线条（木线条、石膏线）组成的装饰面板和天花收口。

② 带有纹理、精致的磨光大理石饰面或大理石柱，样式繁复、图案多样、多层质感组合而成的大理石拼花。

③ 带有装饰图案的石头马赛克。

④ 以卷草和漩涡型曲线为主的精美绣花墙纸、墙布和地毯。

⑤ 以金箔、宝石、水晶和青铜材料配合精美印花手工布艺、皮革制作而成的家具和室内陈设。

⑥ 多重褶皱的水波纹绣花窗帘、豪华的艺术造型水晶吊灯。

⑦ 仿动物腿脚形状，以鎏金、镀金、镀铜、木雕材料为主，辅以皮革坐垫的家具。

欧式古典风格室内设计如图1-15～图1-17所示。

图1-15 欧式古典风格室内设计一

图 1-16 欧式古典风格室内设计二

图 1-17 欧式古典风格室内设计三

（2）新中式风格。

新中式风格以中国传统文化元素为基础，具有鲜明的民族特色。其风格与明清家具、窗棂、布艺床品相互辉映，经典地再现了移步换景的效果。新中式风格继承了中国传统家居理念，将经典元素提炼并加以丰富，同时去除了空间布局中原有的等级、尊卑等封建思想，给传统家居文化注入了新的气息。新中式风格的室内设计以木材为主，与现代材质巧妙兼容，布局均匀、均衡、井然有序，注重与周围环境的和谐统一，体现出中国传统设计理念中崇尚自然、返璞归真、天人合一的思想。新中式风格体现中华文明，散发出迷人的东方魅力，这正是新中式风格与其他风格的不同之处。

新中式风格室内设计从造型样式到装饰图案上均表现出端庄的气度和儒雅的风采，其代表性装饰样式与陈设如下。

① 墙面的装饰造型常采用对称式布局，显得庄重、大方、儒雅。以阴阳平衡概念调和室内生态，选用天然的装饰材料，造型样式常用重复手法表现秩序感。圆与方的造型呼应也是新中式风格的特色之一，如圆形餐厅吊顶与方形餐桌形成天圆地方呼应，外方内圆的雕花罩门、简易博古架等。

② 墙纸图案以中国传统古典文化图案作为背景，常选用中国传统山水画和花鸟画题材，营造极富浪漫情调的生活空间。

③ 色彩常以褐色、浅黄色、白色和青色为主，给人以沉稳、朴素、宁静、优雅的感觉。

④ 墙面的装饰物有手工编织物（如刺绣、传统服饰等）、中国传统绘画（花鸟、人物、山水）、书法作品、对联等；地面铺手工编织地毯，图案常用回字纹和中国元素的纹样。

⑤ 家具以明清的代表家具为主，如榻、条案、圈椅、太师椅、炕桌等。家具的靠垫、卧室的枕头和装饰台布常用绸、缎、丝等材料，表面用刺绣或印花图案装饰，并以红色、黑色或宝石蓝为主调，既热烈又含蓄、既浓艳又典雅，还可绣上"福""禄""寿""喜"等字样或龙凤呈祥之类的中国吉祥图案。

⑥ 室内灯饰常用木制造型灯或羊皮灯，结合中式传统木雕图案，灯光多用暖色调，营造出温馨、柔和的气氛。室内陈设品常用玉石、唐三彩、藤编、竹编、盆景，以及如泥人、布老虎、金银器、中国结等民间工艺品。家具、字画和陈设多对称、均衡摆放，这种格局是中国传统礼教精神的直接反映。

新中式风格的室内设计还常常巧妙地运用隐喻和借景的手法，创造一种安宁、和谐、含蓄、清雅的意境，如图 1-18 和图 1-19 所示。

图 1-18 新中式风格室内设计一

图 1-19 新中式风格室内设计二

（3）现代简约风格。

现代简约风格也称功能主义风格，是工业社会的产物，起源于 20 世纪初的欧洲。现代简约风格提倡突破传统，进行技术和工艺革新，重视功能和空间组织，注重发挥结构本身的形式美；造型简洁，崇尚合理的构成工艺；尊重材料的特性，讲究材料自身的质地呈现；强调设计与工业生产的联系，提倡技术与艺术相结合，把合乎目的性、规律性作为艺术的标准，并延伸到空间设计中，主张设计为大众服务。现代简约风格的核心是采用简洁的形式达到低造价、低成本的目的，并营造出朴素、纯净、雅致的空间氛围。

现代简约风格室内设计的代表性装饰样式与陈设如下。

① 提倡功能至上，反对过度装饰，主张使用白色、灰色等柔性色彩。室内空间多采用方形或规则的几何形组合，在处理手法上主张流动空间的设计理念。

② 强调室内空间形态和构件的单一性、抽象性，追求材料、技术和空间表现的精确度。常运用几何要素，如点、线、面、体块等对造型和家具进行设计组合，体现简洁、时尚的装饰效果。家具与灯饰造型简洁，强调线条感，材料简单而考究，讲究人体工程学的舒适尺寸和设计美感。

③ 陈设品造型简单、抽象，色彩纯净，装饰效果协调统一。

现代简约风格室内设计如图 1-20 ~图 1-22 所示。

图 1-20 现代简约风格室内设计一

图1-21 现代简约风格室内设计二

图1-22 现代简约风格室内设计三

（4）新装饰主义风格。

新装饰主义风格有别于传统装饰主义的华丽感，着重于实用、典雅与品位。新装饰主义风格具有鲜明的主题，既可以呈现工业风，也可以表现乡土味；既可以是时尚的主题，如爱马仕风格、阿玛尼风格、波普风格，也可以是清新、自然的地中海风格。其通过不同材质的搭配，体现与众不同的视觉感。新装饰主义风格强调特色和个性，追求独特性，反对单调和过分的协调统一，且用色大胆，让空间极具装饰美感和情趣。

新装饰主义风格室内设计的代表性装饰样式与陈设如下。

① 通过不同材质的搭配，如大理石配上木桌脚、玻璃配上塑钢等，在呈现精简线条的同时又蕴含时尚感。没有一成不变的规则模式，以体现个性为主，自由度较大。

② 装饰材料的选择多元化，色彩艳丽，喜爱手绘图案，如手绘墙绘、墙纸等，崇尚浪漫、温馨的情调。

新装饰主义风格室内设计如图1-23～图1-25所示。

图1-23 新装饰主义风格室内设计一

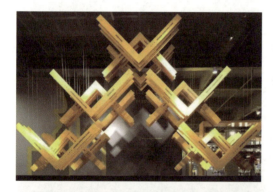

图1-24 新装饰主义风格室内设计二

图 1-25　新装饰主义风格室内设计三

三、学习任务小结

通过本节学习,我们已经初步了解了室内设计风格的含义和分类,对室内设计风格的典型特征和代表样式有一定的认识,课后还要结合课堂学习的知识选择相关的书籍阅读,拓展理论知识,并结合实际案例对室内设计风格特征做总结概括,全面提升自己的综合审美能力。

四、课后作业

(1)制作新中式风格室内设计方案,用 PPT 展示。
(2)收集和整理 10 套国内外优秀的不同种类的室内风格作品。

学习任务一 室内空间设计概述

教学目标

（1）专业能力：认识和理解室内空间设计的基本功能和设计内容。

（2）社会能力：通过课堂师生问答、小组讨论，提升学生的表达与交流能力。

（3）方法能力：学以致用，加强社会实践，通过欣赏、分析设计案例，开展室内空间设计，提升实践能力，积累设计经验。

学习目标

（1）知识目标：能够根据室内空间的功能区要求进行科学划分、色彩搭配、家具与陈设布置，在满足物质功能要求的同时，从人的文化、心理需求出发设计空间形式。

（2）技能目标：能够从设计作品中总结设计方法和技巧。

（3）素质目标：鉴赏优秀的室内空间设计作品，提升设计专业兴趣和设计技能。

教学建议

1. 教师活动

（1）教师收集优秀的室内空间设计作品，运用多媒体课件、教学视频等形式，进行知识点讲解和作品赏析，引导和启发学生的设计思维，培养学习兴趣，锻炼自主学习及独立思考能力，激发艺术想象力。

（2）教师通过大量精美的室内设计图片展示和设计案例的分析与讲解，深入浅出地引导学生对优秀设计作品进行分析，并讲解设计要点与方法，启发学生的设计思维。

（3）引导课堂小组讨论，鼓励学生积极表达自己的观点。

2. 学生活动

（1）认真听课，观看作品，加强对室内空间设计作品的感知；积极大胆地表达自己的看法，与教师良好互动，训练语言表达能力和提高思维总结能力。

（2）结合课堂学习内容选择相关书籍阅读，拓展室内空间设计理论知识，收集优秀的设计案例并学以致用，加强实践与总结。

一、学习问题导入

我国建筑师戴念慈先生认为,"建筑设计的出发点和着眼点是建筑空间的内涵,把空间效果作为建筑艺术追求的目标,而界面、门窗是构成空间必要的从属部分。从属部分是构成空间的物质基础,并对内涵空间使用的观感起决定性作用。至于外形只是构成内涵空间的必然结果"。请大家欣赏如图2-1所示的两幅室内空间设计作品,并分享自己的感受。

图 2-1 室内空间设计作品

二、学习任务讲解

1. 室内空间设计的概念

室内空间设计是对建筑空间的细化设计,是对于建筑物提供的内部空间进行组织、调整、完善和再创造,包括对空间的尺度和比例,以及空间的衔接、过渡、对比、统一等关系的统筹设计规划。室内空间设计不仅关注内部环境,也关注内外环境的流动关系,如图2-2所示。

图 2-2 室内空间内外环境设计

2. 室内空间的功能

室内空间的功能包括物质功能和精神功能两个方面。物质功能不仅包括使用功能需求,如空间的面积、大小、形状,家具与陈设布置,交通组织、疏散、消防、安全等,还包括采光、照明、通风、隔声、隔热等物理环境。精神功能是在物质功能的基础上,从人的文化、心理需求出发进行空间界面的装饰设计,使人获得精神上的满足和美的享受。室内空间的功能性设计如图2-3~图2-5所示。

图 2-3 室内空间的功能性设计一

图 2-4 室内空间的功能性设计二

图 2-5 室内空间的功能性设计三

3. 室内空间设计的内容

由于室内设计创作受到建筑的制约，这就要求我们在设计时要先理解原建筑的形态特征，进行总体的功能分析和规划，深入了解人流动向及结构等因素，延续建筑设计的逻辑关系。

（1）空间的组合设计。

室内空间有各自不同的使用功能和要求，如公共性和私密性、动态和静态。在设计中根据不同的室内空间功能需求，对室内空间进行区域划分、重组和结构调整的组合设计，需要正确处理好各功能关系，满足各功能分区的要求，使动静分区明确、功能区域设置完善、交通流线顺畅，并最大限度地提高空间利用率，如图 2-6～图 2-8 所示。

图 2-6 垂直交通让空间更连贯

图 2-7 功能分区让空间更清晰

图 2-8 动静分区让空间功能更完善

（2）空间界面的设计。

空间界面就是围合室内空间的地面、墙面和顶面。空间界面的设计既有功能和技术方面的要求，也有造型和美感上的要求。由材料实体构成的界面，在设计时重点运用线形、色彩、构造和照明等技术与艺术手段，进行精细化设计，达到功能与美学完美统一的效果，如图2-9～图2-12所示。

图 2-9 空间界面设计一

图 2-10 空间界面设计二

图 2-11 空间界面设计三

图 2-12 空间界面设计四

三、学习任务小结

通过本节学习,我们对室内空间设计的概念和功能有了较清晰的了解,同时对其内容也有了较全面的认识。这些理论知识为我们后续的课程学习和工作实践奠定了良好的基础。课后,同学们要多收集不同类型和风格的室内空间设计案例,多看多学,提升自己对空间设计的理解能力和掌握程度。

四、课后作业

(1)简要阐述室内空间设计的概念和内容。

(2)自行设计室内空间,用 PPT 展示。

学习任务二 室内空间设计类型

教学目标

（1）专业能力：认识和理解室内空间设计常见的类型。

（2）社会能力：通过课堂师生问答、小组讨论，提升学生的表达与交流能力。

（3）方法能力：学以致用，参加社会实践，通过欣赏、分析设计案例，开展室内空间设计，提升实践能力，积累设计经验。

学习目标

（1）知识目标：能够根据空间构成的性质和特点区分室内空间设计类型，并认识常见的类型。

（2）技能目标：能够从设计作品案例中总结设计的方法和技巧，掌握不同的空间类型特征，并熟练运用到实际设计案例中。

（3）素质目标：通过鉴赏优秀的室内空间设计作品，提升设计技能。

教学建议

1. 教师活动

（1）教师收集优秀的室内空间设计作品，并运用多媒体课件、教学视频等形式，进行知识点讲解和作品赏析。引导和启发学生的设计思维、锻炼自主学习及独立思考能力、激发艺术想象力。

（2）教师通过介绍几种常见的室内空间设计类型，引导学生对设计作品进行分析，并讲解设计要点与方法。

（3）引导课堂小组讨论，鼓励学生积极表达自己的观点。

2. 学生活动

（1）认真听课，观看作品，理解空间的常见类型，加强对室内空间设计作品的感知，并学会欣赏；积极大胆地表达自己的看法，与教师良好互动，训练语言表达能力和提高归纳总结能力。

（2）结合课堂学习内容阅读相关书籍，拓展学习室内空间设计的多种类型，收集优秀的设计案例并学以致用。

一、学习问题导入

室内空间的类型是基于人的物质和精神生活需要产生的，了解室内空间的类型，可以更好地进行设计与规划。请大家欣赏如图 2-13 所示的两幅设计作品图，并分享自己的感受。

图 2-13 室内空间的类型展示

二、学习任务讲解

常见的室内空间设计类型主要有以下几种。

（1）静态空间与动态空间。

静态空间是指相对静止、稳定的空间，常采用对称式布局和垂直水平界面处理方式，空间相对封闭，构成比较单一，视觉常被引导于一个方位或落在一个点上，如图 2-14 和图 2-15 所示。

静态空间的特点如下。

① 空间的限定性较强，趋于封闭型。

② 多为尽端房间，序列至此结束，私密性较强。

③ 多为对称空间（四面对称或左右对称），达到静态平衡。

④ 空间及陈设的比例、尺度协调。

⑤ 色彩淡雅和谐，光线柔和，装饰简洁。

图 2-14 静态空间一

图 2-15 静态空间二

动态空间也称为流动空间，在空间形态上有连续、流畅的动感效果。其形式有两种，一种是实质上的流动，另一种是视觉上的流动。动态空间活泼、生动，色彩对比强烈，显现出跳跃的动感和灵动的美感，如图 2-16 和图 2-17 所示。

营造动态空间可以通过以下几种方法。

① 利用自然景观，如喷泉、瀑布和流水等。

② 利用各种技术手段，如旋转楼梯、自动扶梯和升降平台等。

③ 利用动感较强、光怪陆离的灯光。

④ 利用生动的背景音乐。

⑤ 利用文字的联想。

图 2-16 动态空间一

图 2-17 动态空间二

（2）开敞空间与封闭空间。

开敞空间是外向型的，限定性和私密性较小，强调与空间环境的交流、渗透，讲究对景、借景，与大自然或周围空间环境高度融合；并可提供更多的室内外景观，扩大视野。开敞空间灵活性较大，空间形式更加自由。开敞空间在心理效果上常表现为开朗、活跃，在景观关系和空间性格上则具有拓展性和开放性，如图 2-18 和图 2-19 所示。

图 2-18 开敞空间一（约翰·罗伯特·尼尔森设计）

图 2-19 开敞空间二

封闭空间是由实体界面围合形成的、封闭性较强且较为独立的空间形式。其对外界的视线具有很强的隔离性。封闭空间的封闭性是相对的,其目的主要是减少外界的干扰。封闭空间私密性较好,给人以领域感、安全感,如图 2-20 所示。

图 2-20 封闭空间

(3)下沉式空间与地台式空间。

下沉式空间是指空间部分地面下沉,形成高低差的空间形式。下沉式空间增加了空间的层次感,丰富了空间的形态,其形成的围护效果也给人以安全感,如图 2-21 所示。

图 2-21 下沉式空间

地台式空间是指空间部分地面抬高，形成高低差的空间形式。地台式空间增加了空间层次感，抬高的区域也更具领域感，如图2-22所示。

图2-22 地台式空间

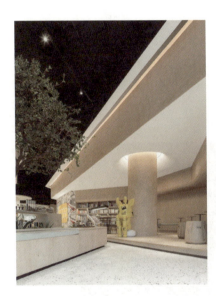

图2-23 凹入空间

（4）凹入空间与外凸空间。

凹入空间是指室内局部内凹的空间形式。凹入空间主要在室内某一墙面或角落局部采用凹入的方式，形成一定的局部围合效果。通常只有一面或两面开敞，因此空间受干扰程度较小。凹入空间领域感与私密性随凹入深度的增加而加强。凹入部分常作为休息、交谈、进餐、睡眠等用途使用，如图2-23所示。

外凸空间是指室内局部外凸的空间形式。外凸空间凸出的部分在整体空间中显得更加引人注目，也让空间的主次虚实关系和层次感更加分明，如图2-24所示。

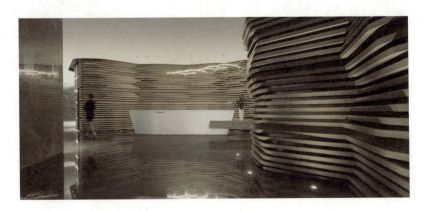

图2-24 外凸空间

（5）结构空间和交错空间。

结构空间是指突出结构造型特点的空间形式。空间的结构样式丰富，包括木结构、壳体结构、网架结构、悬索结构等，并表现出一定的构成美感，如图2-25所示。

图 2-25 结构空间

交错空间是指在水平或垂直方向上交错配置的空间形式。空间在水平方向的穿插交错和在垂直方向的上下错位，使空间形态更加活跃，如图2-26所示。

图 2-26 交错空间

（6）虚拟空间。

虚拟空间是指不依靠实体和材料分割空间，而是靠色彩、造型和家具组合虚拟形成的空间形式。虚拟空间没有十分完备的隔离形态，缺乏较强的限定性，依靠联想和视觉完形性来划定空间范围，所以又称为心理空间，如图2-27和图2-28所示。

图 2-27 虚拟空间一

图 2-28 虚拟空间二

（7）共享空间。

共享空间是将一个大的空间形态划分成若干个小空间，这些小空间没有明确的空间界限，相互共享，功能多样。共享空间在大型商业空间中应用广泛，可以让空间更加开阔、舒展，如图 2-29 所示。

图 2-29 共享空间

三、学习任务小结

通过本节学习,我们对室内空间设计类型有了较清晰的了解,能够根据空间构成的性质和特点区分室内空间设计类型,并在空间设计组织时能够灵活选择和应用。课后,同学们要多收集不同类型和风格的室内空间设计案例,归纳总结,提升自己的综合审美能力,并整理形成设计资料库,为今后的设计工作做好准备。

四、课后作业

(1)简要阐述室内空间设计类型。
(2)收集和整理 7 个室内空间设计类型的优秀作品案例。

学习任务三 室内空间设计要素

教学目标

（1）专业能力：认识和理解室内空间设计的要素。

（2）社会能力：通过课堂 PPT 讲演、小组讨论，提升学生的表达与交流能力。

（3）方法能力：学以致用，加强社会实践，通过欣赏、分析设计案例，开展室内空间设计要素实践，积累设计经验。

学习目标

（1）知识目标：能够灵活运用空间设计要素进行室内空间设计，并掌握方法和技巧。

（2）技能目标：能够从优秀设计作品案例中总结使用空间设计要素的方法和技巧，并熟练运用到实际设计案例中，创造适用、美观的室内环境。

（3）素质目标：鉴赏优秀的室内空间设计作品，提升设计专业兴趣和设计技能。

教学建议

1. 教师活动

（1）教师收集优秀的室内空间设计作品并运用多媒体课件、教学视频等形式，进行知识点讲解和作品赏析，引导和启发学生的设计思维，培养学习兴趣，锻炼自主学习及独立思考能力，激发艺术想象力。

（2）教师介绍室内空间设计要素以及运用色彩和光影要素的案例，引导学生对设计作品案例进行分析，并讲解设计要点与方法，启发学生的设计思维。

（3）引导课堂小组讨论，鼓励学生积极表达自己的观点。

2. 学生活动

（1）认真听课，观看作品，理解空间的常见类型，加强对室内空间设计作品的感知，并学会欣赏；积极大胆地表达自己的看法，与教师良好互动，训练语言表达能力和提高思维总结能力。

（2）结合课堂学习内容，把握室内空间设计要素，拓展学习，收集优秀的设计案例并学以致用。

一、学习问题导入

室内空间设计的目的是通过创造舒适的室内空间环境为人服务，设计师应始终把人对室内环境的需求放在首位。由于设计过程中问题错综复杂，设计师必须清醒地把握"以人为本"的设计原则，灵活运用室内空间设计要素，创造满足人和人际活动需要的室内空间环境。请大家欣赏如图 2-30 所示的两幅设计作品图，并分享自己的感受。

图 2-30 商业空间外观与室内设计

二、学习任务讲解

室内装饰的目的是创造适用、美观的室内环境，室内空间的地面和墙面是衬托人和家具、陈设的背景，而顶面的差异使室内空间更富有变化。室内空间设计包括以下三个要素。

（1）空间要素。

空间的合理化和给人以美的感受是设计的基本任务。空间的形式感是决定空间效果的关键，形式感通过点线面的综合应用体现，如图 2-31 所示。

图 2-31 点线面空间要素的体现

（2）色彩和光影要素。

室内色彩和光影不但对视觉环境产生影响，还直接影响人们的情绪和心理。色彩和光影的处理既应符合功能要求，又应获得美的效果，丰富空间形式，如图 2-32 和图 2-33 所示。

图 2-32 色彩要素的体现

人们喜爱大自然，常常把阳光引入室内，以消除室内的黑暗感和封闭感，特别是柔和的散射光，使室内空间更为亲切自然。

（3）陈设和绿化要素。

室内陈设和绿化对空间氛围的营造以及文化内涵的体现有着至关重要的作用。陈设在空间中往往起着画龙点睛的作用，可以强化和突出视觉中心；绿化不仅能净化空气、美化环境，还能营造舒适、休闲的空间氛围，减缓空间的压抑感，提升空间的品质，如图 2-34 和图 2-35 所示。

图 2-33 光影要素的体现

图 2-34 陈设要素的体现

图 2-35 绿化要素的体现

三、学习任务小结

通过本节学习,我们对室内空间设计要素有了较清晰的了解,课后要多看多收集室内空间设计优秀案例,并整理形成设计资料库,提升自己的综合审美能力,为今后的设计工作做好准备。

四、课后作业

(1)制作 20 页室内空间设计要素案例展示 PPT。
(2)收集和整理 10 套室内空间设计的优秀作品。

项目三
室内人体工程学

学习任务一 室内人体工程学原理
学习任务二 人体工程学在室内设计的应用

学习任务一　室内人体工程学原理

教学目标

（1）专业能力：帮助学生通过了解室内人体工程学的基本概念，理解人体工程学知识对室内设计的重要性；能通过室内人体工程学数据指导室内设计实践。

（2）社会能力：能从日常生活中提取人体工程学数据，并运用于室内设计实践中。

（3）方法能力：资料收集、整理和归纳能力，数据测量能力，设计应用能力。

学习目标

（1）知识目标：掌握室内人体工程学常用数据。

（2）技能目标：能够有效运用室内人体工程学数据进行室内设计实践。

（3）素质目标：能够整理和归纳室内人体工程学常用数据，并形成体系。

教学建议

1. 教师活动

（1）教师通过讲授和测量实践，帮助学生理解室内人体工程学的原理和常用数据，并通过分析室内设计案例，指导学生如何正确运用室内人体工程学数据，培养学生的实践操作能力。

（2）遵循"教师为主导，学生为主体"的原则，将多种教学方法有机结合，激发学生的积极性，鼓励学生从实践中获得真实数据。

2. 学生活动

（1）理解和掌握室内人体工程学的原理和常用数据，并通过实践进行验证。

（2）课后进行大量的人体工程学测量实践，收集和整理相关数据，并运用于室内设计实践中。

一、学习问题导入

在日常生活中，我们都有过这样的体验，有些家具坐上去非常舒服，但有些则不是。如图 3-1 所示是一张沙发的人体工程学数据图，影响沙发舒适度的因素除了材质的柔软性外，更重要的是其中蕴含的人体工程学数据，只有符合人体功能尺寸的沙发才能让人获得舒适感。因此，人体工程学数据对于室内设计来说是非常重要的。

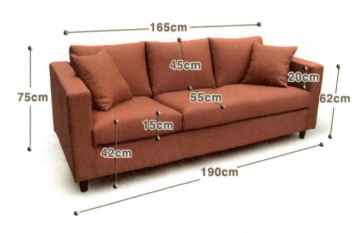

图 3-1 沙发的人体工程学数据图

二、学习任务讲解

1. 人体工程学的基本概念

人体工程学也称人类工程学、人间工学或人类工效学。人体工程学是研究人－机－环境系统中人、机和环境三大要素之间关系的学科，可以为人的最大效能的发挥以及人的健康问题提供理论数据和实施方法。

当今社会正向着后工业和信息社会发展，"以人为本"的思想已经渗透到各个领域。人体工程学强调从人自身出发，在以人为主体的前提下研究人的衣食住行以及生产、生活规律，探知人的工作能力和极限，使人们所从事的工作趋向适应人体解剖学、生理学和心理学的各种特征。人－机－环境系统是一个密切联系的系统，运用人体工程学主动地、高效率地支配生活环境是未来室内设计领域重点研究的一项课题。

人体工程学在室内设计中的应用是以人为主体，运用人体、生理、心理计测等手段和方法，研究人体结构功能、心理、力学等方面与室内环境之间的合理协调关系，以创造符合人的身心活动要求的室内环境，取得最佳使用效能，其目标应是安全、健康、舒适和高效能。

2. 人体工程学的基本数据

人的工作、生活、学习和睡眠等行为千姿百态，有坐、立、仰、卧之分，这些形态在活动过程中会涉及一定的空间尺度范围，这些空间尺度范围按照测量的方法可以分为构造尺寸和功能尺寸。

（1）构造尺寸。

构造尺寸是指静态的人体尺寸，是人体处于静止的标准状态下测得的数据，包括手臂长度、腿长度和坐高等。它对于与人体有直接接触关系的物体（如家具、服装和手动工具等）有较大的设计参考价值，可以为家具、服装和工业产品设计提供参考数据。人体构造尺寸图如图3-2～图3-4所示。

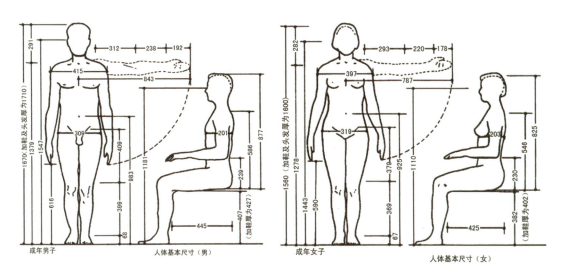

图 3-2 中等人体地区（长江三角洲）人体各部平均尺寸一（单位：mm）

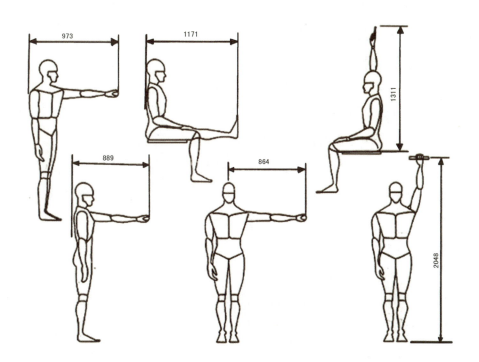

图 3-3 中等人体地区（长江三角洲）人体各部平均尺寸二（单位：mm）

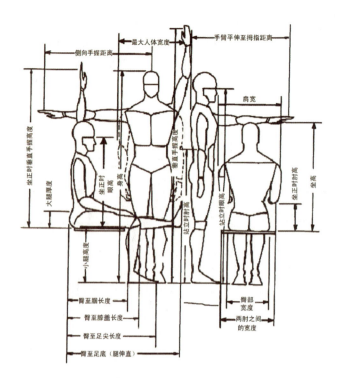

图 3-4 室内设计师常用的人体测量尺寸（单位：mm）

① 身高：指人身体直立、眼睛向前平视时从地面到头顶的垂直距离。

② 最大人体宽度：指人直立时身体正面的宽度。

③ 垂直手握高度：指人站立时从地面到手臂向上伸直时能握到的垂直距离。

④ 站立时眼高：指人身体直立、眼睛向前平视时从地面到眼睛的垂直距离。

⑤ 大腿厚度：指从座椅表面到大腿与腹部交接处的大腿端部之间的垂直距离。

⑥ 小腿高度：指从地面到膝盖背面（腿弯处）的垂直距离。

⑦ 臀至腘长度：指从臀部最后面到小腿背面的水平距离。

⑧ 臀至膝盖长度：指从臀部最后面到膝盖骨前面的水平距离。

⑨ 臀至足尖长度：指从臀部最后面到脚趾尖端的水平距离。

⑩ 臀至足底（腿伸直）长度：指人坐正时，在腿水平伸直的情况下，从臀部最后面到足底的水平距离。

⑪ 坐正时眼高：指人坐正时眼睛到座椅表面的垂直距离。

⑫ 坐正时肘高：指人坐正时从座椅表面到肘部尖端的垂直距离。

⑬ 坐高：指人坐着时从座椅表面到头顶的垂直距离。

⑭ 手臂平伸至拇指距离：指人直立、手臂向前平伸时后背到拇指的水平距离。

⑮ 坐正时垂直手握高度：指人坐正时从座椅到手臂向上伸直时能握到的垂直距离。

⑯ 侧向手握距离：指人直立、手臂侧向平伸时从人体中线到手能握到的水平距离。

⑰ 站立时肘高：指人直立时肘部到地面的垂直距离。

⑱ 臀部宽度：指臀部正面的宽度。

⑲ 两肘之间的宽度：指两肘弯曲、前臂平伸时，两肘外侧面之间的水平距离。

⑳ 肩宽：指肩部两个三角肌外侧的最大水平距离。

随着时代进步，人们的生活水平逐渐提高，人体尺寸也在发生变化，且因年龄、性别和地区差异各不相同。根据建筑科学研究院发表的《人体尺度的研究》中，有关我国不同地区人体各部平均尺寸见表 3-1，可作为设计时的参考。

表 3-1 不同地区人体各部平均尺寸

编号	部位	较高人体地区（冀、鲁、辽）		中等人体地区（长江中下游）		较低人体地区（广东、四川）	
		男	女	男	女	男	女
1	身高	1790	1680	1770	1660	1730	1630
2	最大人体宽度	520	487	515	482	510	477
3	垂直手握高度	2068	1958	2048	1938	2008	1908
4	站立时眼高	1573	1474	1547	1443	1512	1420
5	大腿厚度	150	135	145	130	140	125
6	小腿高度	412	387	407	382	402	377
7	臀至腘长度	451	431	445	425	439	419
8	臀至膝盖长度	601	581	595	575	589	569
9	臀至足尖长度	801	781	795	775	789	769
10	臀至足底（腿伸直）长度	1177	1146	1171	1141	1165	1135
11	坐正时眼高	1203	1140	1181	1110	1144	1078
12	坐正时肘高	243	240	239	230	220	216
13	坐高	893	846	877	825	850	793
14	手臂平伸至拇指距离	909	853	889	833	869	813
15	坐正时垂直手握高度	1331	1375	1311	1355	1291	1335
16	侧向手握距离	884	828	864	808	844	788
17	站立时肘高	993	935	983	925	973	915
18	臀部宽度	311	321	309	319	307	317
19	两肘之间的宽度	515	482	510	477	505	472
20	肩宽	420	387	415	397	414	386

（2）功能尺寸。

功能尺寸是指动态的人体尺寸，是人活动时肢体所能达到的空间范围，是动态的人体状态下测得的数据。功能尺寸是由关节的活动和转动所产生的角度与肢体的长度协调产生的范围尺寸，有利于解决许多带有空间范围和位置的问题。相对于构造尺寸，功能尺寸的用途更加广泛，因为人体是一个活动的、变化的结构。

运用功能尺寸进行设计时,应考虑使用人的年龄和性别差异。例如在家庭用具的设计中,尤其是厨房用具和卫生设备的设计,首先应考虑老年人的需求,家具应使用方便。在老年人中,老年妇女尤其需要被照顾,她们使用合适了,其他人使用一般不致发生困难;反之,如果只考虑年轻人使用方便舒适,则可能会使老年妇女使用困难。老年妇女人体功能尺寸图如图 3-5 所示。

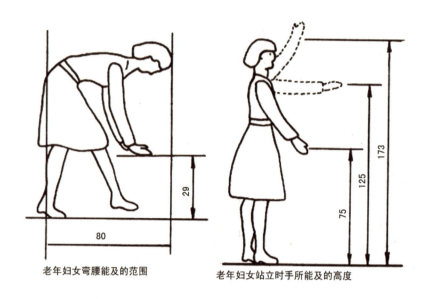

图 3-5 人体功能尺寸图(单位:mm)

三、学习任务小结

通过本节学习,我们已经初步了解了室内人体工程学的基本概念和常用数据,对室内人体工程学知识有一定的认识,课后还要通过自身实践,主动测量日常生活中的房间、家具的尺寸,时刻关注室内设计中人体工程学数据的应用案例,提升对这些数据的运用能力。

四、课后作业

(1)测量 5~8 个家具的人体工程学数据,并制作成 PPT 展示。
(2)通过各种信息渠道收集人体工程学数据,并进行整理和归纳。

人体工程学在室内设计的应用

教学目标

（1）专业能力：通过了解室内人体工程学的常用数据，指导学生进行室内设计实践。

（2）社会能力：能从室内设计案例中提取人体工程学数据，并形成数据库。

（3）方法能力：培养资料收集、整理和归纳能力，数据测量能力，设计应用能力。

学习目标

（1）知识目标：了解室内人体工程学常用数据。

（2）技能目标：能够有效运用室内人体工程学数据进行室内设计。

（3）素质目标：能够整理和归纳室内人体工程学常用数据，并形成数据库。

教学建议

1. 教师活动

（1）教师通过讲授和测量实践，帮助学生理解室内人体工程学的常用数据，并通过分析室内设计案例，指导学生整理和运用室内人体工程学数据。

（2）遵循"以教师为主导，以学生为主体"的原则，结合多种教学方法，让学生既能理解理论知识，又能进行设计实践。

2. 学生活动

（1）能理解和整理室内人体工程学常用数据，并通过实践进行验证。

（2）课后进行大量的人体工程学测量实践，收集和整理相关数据，并运用于室内设计实践中。

一、学习问题导入

如图 3-6 所示是一张享誉世界的经典家具——由丹麦家具设计师大师雅克比松设计的蚁椅。它的外形像一只蚂蚁，纤细灵巧，适合工业化生产。虽然这张椅子造型极其简约，但是其坐感却非常舒适，根本原因就在于其精细化的人体工程学尺寸设计。

图 3-6 蚁椅（雅克比松设计）

二、学习任务讲解

1. 人体工程学在室内设计中的作用

人体工程学在室内设计中的作用主要如下。

（1）为确定空间范围提供依据。

根据人体工程学中的有关计测数据，从人的尺度、动作域和心理空间等方面确定空间范围。

（2）为家具设计提供依据。

家具设施为人所用，因此它们的形体、尺度必须以人体尺度为标准；同时，人们为了使用这些家具和设施，周围必须留有活动和使用的最小空间。这些设计要求都可以通过人体工程学来解决。

（3）提供人体适应的室内物理环境的最佳参数。

室内物理环境主要包括室内热环境、声环境、光环境、重力环境和辐射环境等。室内物理环境参数有助于设计师做出合理的、正确的设计方案。

（4）为确定人体的感觉器官的适应能力提供依据。

通过对视觉、听觉、嗅觉、味觉和触觉的研究，为室内空间环境设计提供依据。

2. 人体工程学在室内设计中的运用

（1）客厅中的尺度。

客厅也称起居室，具有多方面的功能，既是家庭娱乐、休闲和聚会的场所，又是接待客人、对外联系交往的社交活动空间，因此客厅便成为住宅的中心。客厅应具有较大的面积和适宜的尺度，面积一般为 20～40m²，相对独立的空间区域较为理想，同时要求有较为充足的采光和合理的照明。

客厅的家具应根据功能要求来布置。其中最基本的要求是设计包括茶几在内的一组沙发和视听设备；其他要求要根据客厅的面积大小来确定，如空间较大，可以设置多功能组合家具，既能存放各种物品，又能美化环境。

客厅家具的布置形式有很多，一般以长沙发为主，排成一字形、L形和U形等，同时应考虑多座位与单座位相结合，以适合不同情况下人们的心理和个性要求。客厅家具的布置要以方便谈话为原则，一般采取谈话者双方正对坐或侧对坐的方式为宜，座位之间距离保持在2m左右，使谈话双方不费力。为了避免对谈话区的干扰，室内交通路线不应穿越谈话区，谈话区尽量设置在室内一角或尽端，以便有足够实墙面布置家具，形成一个相对完整的独立空间区域。

电视柜的高度一般为 400～500mm，最高不能超过 600mm。坐在沙发上看电视时，座位高 400mm，座位表面到眼睛的高度是 660mm，加起来是视线的水平高度，为 1060mm。如果将 55～65 英寸（121.76cm×68.49cm～143.9cm×80.94cm）的电视机放在 400mm 高的电视柜上，这时视线刚好在电视机屏幕中心，布置最为合理。如果电视柜高超过 600mm，则会变成仰视。根据人体工程学原理，仰视易使颈部疲劳。

单座位沙发尺寸一般为 760mm×760mm，三座位沙发长度一般为 2280～2440mm。尺度较大的客厅可以考虑尺寸为是 1000mm×1000mm 的大尺寸沙发，舒适度更高。但是如果把这种大尺寸沙发放在小型客厅中，会令客厅看起来狭小。沙发座位的高度约为 400mm，座位深 530mm 左右，沙发的扶手一般高 560～600mm，所以，如果沙发无扶手而是用角几和边几的话，则角几和边几的高度应与沙发座椅发高度一致。

茶几的尺寸一般为 1070mm×600mm，高 400mm。中大型的茶几有时为 1200mm×800mm，此时其高度会降至 300～350mm。茶几与沙发的距离为 350mm 左右。

客厅沙发尺寸图如图 3-7 和图 3-8 所示。

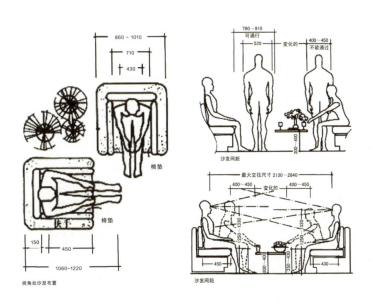

图 3-7 单人沙发尺寸图（单位：mm）

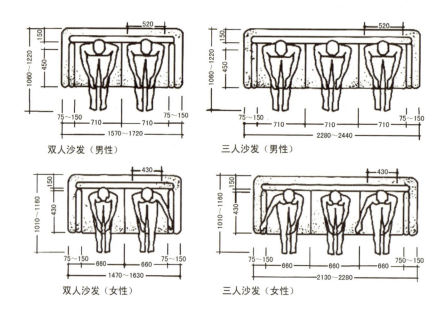

图 3-8 双人和三人沙发尺寸图（单位：mm）

（2）餐厅中的尺度。

在人口密集、住房紧张的大城市，住宅空间相对较小，如何在有限的居住面积中设计出合理的就餐空间，是设计师应重点考虑的问题之一。

① 餐桌的尺寸。

正方形餐桌常用尺寸为960mm×960mm。长方形餐桌常用尺寸为2430mm×1360mm，1360mm是长方形餐桌的标准宽度尺寸，至少不能小于760mm，否则对坐时会因餐桌太窄而互相碰脚。圆形餐桌常用尺寸为直径900mm、1200mm和1500mm，分别能坐4人、6人和10人。餐桌高度一般为710mm，配415mm高的座椅。

餐桌尺寸图如图3-9所示。

② 餐椅的尺寸。

餐椅座位高度一般为410mm；靠背高度一般为400～500mm，较平直，有2°～3°的外倾斜度；坐垫厚约20mm。

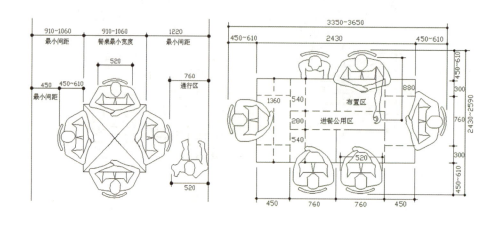

图 3-9 餐桌尺寸图（单位：mm）

（3）卧室中的尺度。

卧室是人们休息的场所，主要家具有床、床头柜、衣柜和梳妆台等。床的长度是人的身高加220mm枕头位，约为2000~2100mm。床的宽度有900mm、1350mm、1500mm、1800mm和2000mm等。床的高度以被褥面来计算通常为460mm，最高不超过500mm，否则坐在床边时会吊脚，很不舒服。被褥的厚度为50~180mm不等，为了保持被褥面高460mm，应先决定用多高的被褥，再决定床架的高度。床头柜与床褥面同高，过高会撞头，过低则放物不便。床的尺寸图如图3-10所示。

在儿童卧室中常设计上下铺双人床，下铺床褥面到上铺床板底之间的空间高度不小于900mm。如果想在上铺下面做柜，那么上铺要适当升高；但应保证上铺到天花板的空间高度不小于900mm，否则起床时会碰头。

衣柜的标准高度为2440mm，分下柜和上柜，下柜高1830mm，上柜高610mm。如设置抽屉，则每个抽屉面高200mm。衣柜的宽度，一个单元两扇门为900mm，每扇门为450mm，常见的有四扇柜、五扇柜和六扇柜等。衣柜的深度常为600mm，连柜门最窄不小于530mm，否则会夹住衣服。衣柜柜门上如镶嵌全身镜，尺寸常为1070mm×350mm，安装时镜子顶端与人的头顶高度齐平。

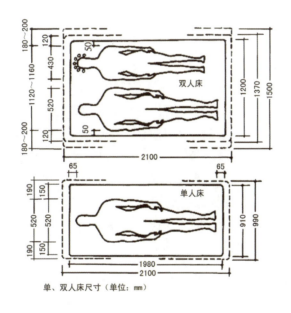

图 3-10 床的尺寸图（单位：mm）

（4）厨房中的尺度。

厨房是家庭生活用餐的操作间，人在这里是站立工作的，所有家具设施都要依据这个条件来设计。厨房的家具主要是橱柜，橱柜的设计应以家庭主妇的身体条件为标准。橱柜分为低柜和吊柜。低柜工作台的高度应以家庭主妇站立时手指能触及水盆底部为准，过高会令肩膀疲劳，过低则会腰酸背痛。低柜高度常为810~840mm，工作台面宽度不小于460mm。有的橱柜可以通过调整脚座来使工作台面达到适宜的尺度。低柜工作台面到吊柜底的高度为600mm，最低不小于500mm。油烟机的高度应使炉面到机底的距离为750mm左右。冰箱如果是在后面散热的，两旁要各留50mm，顶部要留250mm，否则散热慢会影响冰箱的功能。吊柜深度为300～350mm,高度为500～600mm,应保证站立时举手可开柜门。橱柜脚最易渗水,可将橱柜吊离地面150mm。厨房尺寸图如图3-11所示。

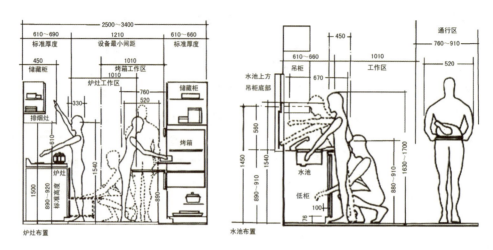

图3-11 厨房尺寸图（单位：mm）

(5)卫生间中的尺度。

卫生间是家庭成员进行个人卫生清洁的场所,是具有便溺和清洗双重功能的空间。卫生间主要由坐便器、沐浴间(或浴缸)和洗面盆三部分组成。坐便器所占面积为370mm×600mm。正方形淋浴间的面积为900mm×900mm,长方形淋浴间的面积为900mm×1500mm,浴缸的标准面积为1500mm×700mm。悬挂式洗面盆所占面积为500mm×700mm,圆柱式洗面盆所占面积400mm×600mm。浴缸和坐便器之间至少距离600mm,坐便器和洗面盆之间至少距离200mm。安装一个使用方便的洗面盆需要的空间为900mm×1050mm,这个尺寸适用于中等大小的洗面盆,并能容下一个人在旁边洗漱。此外,浴室镜应装在距地面1350mm的高度上,这个高度可以使镜子正对人脸。

三、学习任务小结

通过本节学习,我们已经初步了解了室内人体工程学的应用,对室内人体工程学的知识有了深入的认识,课后还要在实践中主动测量日常生活中的室内空间、家具的尺寸,关注室内设计中人体工程学数据的应用案例,提升对这些数据的运用能力。

四、课后作业

(1)测量客厅的人体工程学数据,并制作成PPT展示。
(2)测量厨房的人体工程学数据,并制作成PPT展示。

项目四
室内软装设计

学习任务一　室内家具设计
学习任务二　室内陈设设计

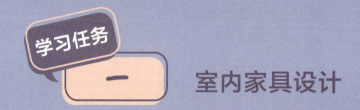

学习任务一 室内家具设计

教学目标

（1）专业能力：认识和理解室内家具设计的风格、类型和设计技巧。

（2）社会能力：能将家居设计技巧应用于家具设计。

（3）方法能力：提高资料整理和归纳能力、设计创新能力、发散思维能力。

学习目标

（1）知识目标：通过本节学习，能够根据居住空间的功能和美学要求合理设计和搭配家具。

（2）技能目标：能够设计和搭配室内家具。

（3）素质目标：通过鉴赏优秀的家具设计作品，提升家具设计能力。

教学建议

1. 教师活动

（1）教师收集优秀的家具设计作品并进行展示，让学生感受家具设计历史的演变，了解家具设计风格。同时，运用多媒体课件、教学视频等形式，进行知识点讲解和作品赏析。

（2）遵循"以教师为主导，以学生为主体"的原则，采用启发式和互动式教学法，以情景（案例）带入的方式帮助学生记忆关键内容，用思维导图帮助学生加深对关键内容的理解，引导学生对优秀家具设计进行分析和探讨。

（3）通过课堂讲演、讨论的方式，鼓励学生积极表达自己的观点。

2. 学生活动

（1）强化对家具设计的感性认知，学会欣赏优秀的设计作品，并积极大胆地表达自己的观点。

（2）提升家具设计的创新能力和实践动手能力。

一、学习任务导入

家具是人们日常生活中的必需品，也是人类几千年文化的结晶。如今，人们对家具的需求越来越广，也越来越多元化。家具设计从款式、色彩、材质上进行了大量创新，功能也日益完善。种类繁多、样式各异的家具为室内设计提供了丰富的素材和设计灵感，对室内环境效果有着重要的影响，如图4-1所示。

图4-1 家具设计

二、学习任务讲解

1. 家具的分类

家具可以按照其使用功能、结构特征、制作材料来进行分类。

（1）按使用功能分类。

支承类家具：指支撑整个人体的椅子、凳子、沙发、卧具等，如图4-2所示。

凭椅类家具：指带有操作台面的家具，如桌子、台面、边几等，如图4-3所示。

储藏类家具：指有储物功能的家具，如鞋柜、橱柜、衣柜等，如图4-4所示。

装饰类家具：指展示装饰品的开敞式柜类或架类家具，如博古架、隔断等。

图4-2 支承类家具

图 4-3 凭椅类家具

图 4-4 储藏类家具

（2）按结构特征分类。

框式家具：指以框架为家具受力体系，再覆以各种面板，连接部位的构造以不同部位的材料而定，有榫接、柳接、承插接、胶接、吸盘等多种方式，并有固定和可拆装之分，如图 4-5 所示。

板式家具：指以人造板材构成板式部件，用连接件将板式部件结合装配的家具，有可拆和不可拆之分，如图 4-6 所示。

拆装式家具：指以各种连接或插接结构组装而成的可以反复拆装的家具，如图 4-6 所示。

折叠式家具：指通过折叠将面积或体积进行压缩的家具。

曲木类家具：指以实木弯曲或多层单板胶合弯曲而成的家具，如图 4-7 所示。

壳体类家具：指整体或零件利用塑料或者玻璃等模具浇筑成型的家具，如图 4-8 所示。

充气类家具：指以塑料薄膜制成内囊，然后在内囊注入水或者空气而形成的家具，如图 4-9 所示。

树根家具：指用自然形态的树根或者树枝、藤竹等天然材料作为原料，略加雕琢后经胶合、钉接、修整而成的家具，如图 4-10 所示。

图 4-5 框式家具

图 4-6 拆装式家具

图 4-7 曲木类家具

图 4-8 壳体类家具

图 4-9 充气类家具

图 4-10 树根类家具

（3）按制作材料分类。

木质类家具：用实木或各种复合木如胶合板、纤维板、刨花板和细木工板等制作而成的家具，具有纹理清晰、自然气息浓郁的特点，如图 4-11 所示。常用的木材包括柳桉木、水曲柳、山毛榉、榉木、红木、花梨木等。

塑料类家具：主要采用塑料，包括发泡塑料、玻璃纤维增强塑料加工而成的家具，具有质地轻巧、色彩多样、造型丰富的特点。

竹藤类家具：以竹或者藤编织而成的家具，具有质朴自然、富有弹性的特点，藤编家具如图 4-12 所示。

金属类家具：以金属管材、线材或板材为基材生产的家具，如图 4-13 所示。

玻璃类家具：以玻璃为主要材料制成的家具，如图 4-14 所示。

皮革和布艺类家具：以各种皮革和布料为主要面料制成的家具，如图 4-15 所示。

图 4-11 木质类家具　　　　　　　　图 4-12 藤编家具

图 4-14 玻璃类家具

图 4-13 金属类家具　　　　图 4-15 皮革与布艺类家具

（4）按风格分类。

① 欧式古典家具。

欧式古典家具一般指17至19世纪工匠专为皇室贵族打造的家具。这段时期的家具富有装饰性，具有华丽、典雅、庄重、高贵、精雕细琢等特点。其代表风格有古罗马风格、巴洛克风格、洛可可风格和新古典风格。欧式家具如图4-16所示。

② 中式古典家具。

中国古典家具以明式家具为代表。明代初期政策宽松，手工艺者有了更大的自由创作空间，家具的发展趋向多元化。明式家具以形式简洁、构造精准、造型纤巧著称，其基本特点包括：重视使用功能，构造符合人体各部分比例，如座椅的靠背曲线和扶手形式；家具形式简洁，架构科学，造型别致、纤细，工艺水平精湛；重视天然纹理，没有多余、冗繁的装饰，达到功能与美学的高度统一。

明式家具常用的材料有黄花梨、紫檀、红木、楠木等硬性木材，并采用大理石、玉石、贝螺等石材进行局部镶嵌装饰，如图4-17所示。

圈椅是明式家具中最为经典的代表。圈椅造型古朴典雅，线条简洁流畅，制作技艺炉火纯青。"天圆地方"是中国文化典型的宇宙观，不但

图4-16 欧式家具

图4-17 明式家具

建筑受其影响，也融入了家具的设计中。圈椅是方与圆结合手法在家具设计中的典型代表，上圆下方，以圆为主旋律，圆代表和谐，象征幸福，方代表稳健，宁静致远，圈椅完美地体现了这一理念。圈椅造型优美，体态丰满，是中国传统家具独具特色的椅子样式，如图4-18所示。

图4-18 明式圈椅

清式家具在康熙朝以前还基本保留明代的风格,但随着社会经济和思想状况的发展变化,到了乾隆时期已发生了根本变化,形成了独特的清式风格。

清式家具以苏式、京式和广式为代表。苏式家具以江浙为制造中心,风格秀丽精巧。京式家具因皇家贵族的特殊要求,造型庄严,尺寸宽大,具有威严华丽的特点。广式家具以广东沿海为制造中心,并广泛吸收了海外的制造工艺,表现手法多样,风格厚重、烦琐、富丽,形成了鲜明的近代特色和地域特征,极具代表性。清代椅凳较明式变化大,款式也较多,装饰性更强,各类雕刻更加细腻、繁复,总体造型趋于宽、大、厚,富丽华贵,如图4-19所示。

图4-19 清代椅凳

③ 现代家具。

20世纪初,随着工业革命的成功,家具设计不断探索新形态和新理念,逐步创造出众多被大众接受、适合工业化批量生产的现代家具。

1830年,德国人托耐特用蒸汽技术将山毛榉制成了曲木家具,体现了生产技术的提高对现代家具产生的推动作用。1851年伦敦世界博览会后,艺术与工业融合的趋势逐渐形成,大多数人开始用机器生产产品,机器代替手工业生产了一批物美价廉的家具。

以"现代设计之父"莫里斯为首的设计师于19世纪末至20世纪初在英国发起了一场设计运动,在工业设计史上称为"工艺美术运动"。工艺美术运动强调功能应与美学法则相结合,认为功能只有通过艺术家的手工制作才能体现出来,反对机械化大生产,重视手工,强调简洁、质朴和自然的装饰风格,反对多余装饰,注重材料的选择与搭配。随着社会的进一步发展,越来越多的设计师意识到,艺术、技术只有与工业生产相结合,才能实现为大众服务的梦想。1900年左右,欧洲大陆兴起了设计运动的新高潮,以法国为中心的新艺术运动主张艺术与技术相结合,主张艺术家应从自然界中汲取设计素材,崇尚曲线,反对直线,反对传统的模式。

在现代主义设计运动中,里特维尔德对风格派家具设计的贡献最大。他创造了很多具有革命性意义的家具形式,如图4-20所示的红蓝椅,成为现代主义设计在形式探索方面划时代的作品,对现代主义设计运动产生了深刻的影响。

第一次世界大战给世界带来毁灭性打击,机械化大生产成为战后唯一有效的重建方式。1919年,瓦尔特·格罗皮乌斯接受魏玛大公的任命,接管了魏玛艺术学院和魏玛艺术与工艺学校,并将两校合并,成立了公立的包豪斯大学。包豪斯大学的诞生被称为"现代主义设计教育的摇篮",其核心思想是功能主义和理性主义,肯定机器生产的结果,重视艺术和技术相结合,认为设计目的是服务于人而不是创造产品。

包豪斯的第三任校长密斯·凡·德罗设计的家具充满创新性,他把有机材料的皮革和无机材料的钢板完美结合,设计出了一批影响深远的家具作品,如图4-21所示的巴塞罗那椅便是其中的杰出代表。

1933年，包豪斯大学被关闭，一批现代设计先驱进入美国，使美国设计水平迅速提高。第二次世界大战使20世纪30年代起步发展的消费工业陷入停滞状态，大多数国家的家具材料都被限制使用，将焦点集中于战争资源中。到了20世纪60年代中后期，经济逐渐复苏，逐渐孕育出新的消费群。他们反叛传统，希望设计能够代表他们的消费观念及处世风格，追求家具风格异化、娱乐化和古怪化，并认为家具不需要耐用设计，而需要时髦设计。因此，家具设计领域里的波普风格应运而生。波普风格色彩鲜艳，形状怪诞，符合玩世不恭的青少年心理特点，由丹麦设计师雅各布森设计的蛋椅便是其中的代表，如图4-22所示。

图4-20 红蓝椅
（里特维尔德设计）

图4-21 巴塞罗那椅
（密斯·凡·德罗设计）

图4-22 蛋椅
（雅各布森设计）

2. 家具的设计原则

家具设计不仅要遵循经济、美观、实用的原则，还要符合人体工程学的原理，将艺术美学与科学相结合，设计出满足现代人们生活需求与审美倾向的家具。家具的设计原则主要如下。

（1）实用性原则。

家具设计必须符合实用性原则，满足坐、卧、收纳等功能需求；同时，还必须符合人的生理特征以及人体工程学的尺寸要求。如图4-23所示，此款电竞椅的设计从人体工程学角度出发，能够保护颈椎和腰椎，大大提高了舒适度。

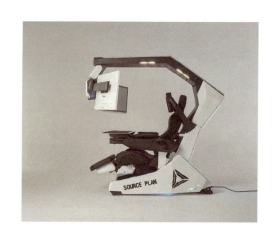

图4-23 电竞椅

（2）美观性原则。

美观是家具设计的基本要求之一，比例的协调、点线面构成元素的运用、色彩的搭配、质感的处理等都是美学设计的范畴，家具的美感也是室内设计美学的重要组成部分。

（3）科学性原则。

家具设计的科学性体现在家具的结构选择、材料运用和功能使用上。家具在结构上要拥有坚固、安全的特性；材料的运用则要从环保角度出发，选择环保材料；功能使用需要有敏锐的客户需求意识，创造出便捷、舒适的家具。

（4）经济性原则。

家具设计还应该考虑经济因素，从消费者的角度出发，尽量降低制造成本，服务大众。因此，设计师在设计家具时，除了考虑造型特征和功能外，还需要考虑材料的成本、加工的难易度，使材料的性能在设计中得以充分展示。

3. 家具的设计技巧

家具的设计技巧主要有以下几种方法。

（1）模拟和仿生。

模拟和仿生是指通过对某一形象的联想和模仿而进行设计的手段，是家具造型创新设计的主要手段之一，其关键是联想，包括接近联想、相似联想、对比联想和因果联想。模拟的对象主要是抽象和具象的形以及无机形等；而仿生则是模仿自然界中生物的外形，或根据其合理存在的原理来改造家具的结构性能。模拟和仿生可以根据以下步骤来进行。

① 确定模拟对象。

任何自然形象或具象的事物都可以是灵感来源和模拟对象，如各种动物、鸟类、植物、花卉等。

② 发挥联想能力，创新家具形象。

联想可以帮助设计师把眼前看到的事物与具体的家具造型结合起来，通过整理和加工，归纳出典型特征，最终转化为新的家具形象。

居住在法国巴黎的设计师Mark Venot为3～10岁的孩子设计制作了可爱的小象椅，主要材质为山毛榉，柔软、舒适、简约，且童趣十足，如图4-24所示。

图4-24 小象椅

法国著名女性设计师Constance Guisset的设计以梦幻浪漫著称，作品涵盖家具设计、空间设计和平面设计。她设计的仿生百合椅，以百合初开时的姿态为仿生设计灵感，椅腿、扶手、椅背模仿纤细娇嫩的百合花花茎，通体采用圆形金属管打造，获得逼真的视觉效果，如图4-25所示。

图 4-25 仿生百合椅

英国设计师 Lara Bohinc 以星球的形状和运行轨迹为灵感来源，设计了星球椅系列。星球系列家具着眼于行星轨道的几何形状，旨在体现包豪斯设计的简约性，如图 4-26 所示。

埃罗·沙里宁是 20 世纪中叶美国最具创造性的建筑师和家具设计师。他的代表作是郁金香椅，设计于 1957 年，形如一朵浪漫的郁金香，又像一只优雅酒杯，采用塑料直接压膜成型，造型流畅自然，底座设计成圆形，这样不会压坏地面，如图 4-27 所示。这些形式仔细考虑了生产技术和人体姿势，并非故作离奇，其自由的形式是功能的产物，并与新材料、新技术紧密联系。

（2）提炼和结合。

提炼和结合是指将历史出现过的、经过历史验证的经典家具元素进行提炼，并融入现代家具设计中进行创新的设计手法。设计师必须通读家具历史，了解传统家具的丰富样式，有意识地提炼经典家具在材料、工艺、造型、色彩等方面的设计元素，并融入现代家具设计中。提炼与结合的方法有利于传承和发展历史文化，使现代家具焕发出古典的韵味。中国当代著名家具设计师朱小杰力求传承中国传统家具的经典造型样式，在材料的应用上独辟蹊径、自成一派，设计出许多经典的现代木质家具，如图 4-28 所示。

图 4-26 星球椅

图 4-27 郁金香椅

（3）材质与肌理的运用。

材质是指家具材料表面的三维结构产生的质感，用来形容物体表面的肌理。肌理包括触觉肌理和视觉肌理。材质带给人的感受既包括触觉又包括视觉，如皮革的沙发，既在视觉上让人有高档感和厚实感，又在触觉上让人有舒适感。设计师不但要了解材质的外在特性，也要善于利用材质的肌理效果展现家具的艺术美感，为家具设计带来新的形式美感。

丹麦著名家具设计师克里斯蒂安森以柚木和玫瑰木为主材，制作了很多曲木家具。其设计的家具有弯曲的靠背结构和枢轴式扶手，不仅给人以舒适感，而且极具现代美感，如图4-29所示。

图 4-28 提炼经典家具元素设计的现代家具（朱小杰设计）

图 4-29 曲木椅子

芬兰著名家具设计师艾洛·阿尼奥设计的家具不仅在功能方面具有实用性，同时也反映了家具本身的"愿望"，他认为材料和技术的革新都会开创新的设计道路。他在1963年设计了著名的、以玻璃纤维制成的球椅，这张椅子很快被大量制造，而玻璃纤维也成为最喜欢使用的素材。糖果椅、番茄椅和泡泡椅如图4-30所示。

图4-30 糖果椅、番茄椅和泡泡椅

（4）注重功能与创新。

家具是使用功能和艺术美学结合的工业产品，实用性是家具设计的前提和基础，艺术性是家具设计的重要手段。家具设计要注重功能的实用性和设计的人性化，要将人体工程学的测绘数据和研究成果应用于家具设计中，创造出符合人体功能尺寸且舒适、耐用的家具；同时，要运用艺术美学的造型法则，如统一与对比、均衡与协调、节奏与韵律等，不断创新家具样式，提升家具的形式美感。

丹麦家具设计师克林特潜心研究功能主义，提出家具应实用、舒适的设计思想。他设计的Safari Chair是近代家具设计经典之作，其设计灵感来自一本非洲旅游指南上的图片。图片上这本指南的作者和他的妻子正在大草原的帐篷边上坐着类似的椅子。于是克林特便想要设计一款轻巧便携的、不需要借助任何工具就能组装的椅子。Safari Chair被称为世界上第一个可以自行组装的家具，甚至可以把它卷起塞入一个硬纸筒里并邮寄到你想去的地方，如图4-31所示。

图4-31 Safari Chair

马塞尔·布劳耶是包豪斯学院第一期的学生,也是伟大的建筑师、设计师。他认为一件家具是不能随意构造的,家具只有成为人们生活环境的一部分,才能体现出其个性,且只有在使用过程中才有意义,并使设计使得完美。他设计了一系列影响力极大的钢管椅,开辟了现代家具设计的新篇章。这些钢管椅充分利用了材料的特性,造型轻巧,结构简单,成为现代家具设计的典型代表,如图4-32所示。

图4-32 钢管椅

马克·纽森是世界闻名的工业设计师。他推崇柔和极简主义,代表作Newson Aluminium Chair融合了现代美学简约、轻巧的特点,成为现代家具设计的经典作品之一,如图4-33所示。

图4-33 Newson Aluminium Chair

三、学习任务小结

通过本节学习,我们了解了家具的类型、设计原则和设计技巧,并通过赏析大量家具设计图片和优秀家具设计师设计作品,加深了对家具设计的认识。课后,同学们要多欣赏和分析不同类型家具设计作品的特点,找出典型特征,理解作品的创作思路和设计思维运用技巧,深入挖掘作品的实用价值和科学价值,全面提高家具设计审美及表达能力。

四、课后作业

(1)收集20个优秀的家具设计作品进行赏析,并制作成PPT展示。

(2)绘制5幅家具设计手绘草图。

学习任务二 室内陈设设计

教学目标

（1）专业能力：认识和理解室内灯具、陈设品的搭配技巧。

（2）社会能力：了解如何选择陈设品进行家居配饰。

（3）方法能力：提高资料整理和归纳能力、设计创新能力、发散思维能力。

学习目标

（1）知识目标：通过本节学习，能够根据居住空间的功能和美学要求进行家居配饰。

（2）技能目标：能够提升家居配饰能力。

（3）素质目标：通过鉴赏优秀的陈设设计作品，提升陈设设计能力。

教学建议

1. 教师活动

（1）教师收集优秀的陈设设计并进行展示，让学生感受作品带来的视觉效果，了解陈设设计风格；同时，运用多媒体课件、教学视频等形式，进行知识点讲解和作品赏析。

（2）帮助学生从感性到理性来理解本节内容，使学生掌握室内陈设设计的操作过程、方法和技术要点。

（3）通过课堂讲演、讨论的方式，鼓励学生积极表达自己的观点。

2. 学生活动

（1）强化对陈设设计的感性认知，学会欣赏优秀的设计作品，并积极大胆地表达自己的观点。

（2）提升陈设设计的创新能力和实践动手能力。

一、学习任务导入

室内设计领域有一句话"重装饰,轻装修"。这里的"装饰"主要是指软装,包括灯具、布艺、陈设等,这些软装饰元素的合理搭配和设计不仅能够提升室内空间的整体美学效果,而且还能丰富室内空间的文化内涵,提升室内空间的格调。

二、学习任务讲解

1. 室内陈设设计

室内陈设是室内空间的局部装饰和点缀,可以有效提升室内空间环境的品质,体现空间品位。进行室内陈设设计时,首先应注意陈设品的格调要与室内整体格调协调;其次要注意主次关系,使陈设品成为点睛之笔;最后还要考虑使用者的喜好,尽量选择与使用者年龄和职业相符的陈设品。另外,还要注意体现民族文化和地方文化,例如国内的许多酒店常用陶瓷、景泰蓝、根雕、木雕、中国画等具有中国传统文化特色的陈设体现文化魅力。

室内陈设从使用角度上可分为功能性陈设(如灯具、织物和生活日用品等)和装饰性陈设(如艺术品、工艺品、纪念品、观赏性植物等)。

(1)灯具。

灯具是人们日常生活中必不可少的照明工具,随着时代发展,灯具给人们带来了极大的便利,也给人们的起居生活增添了更多色彩。灯具的种类繁多,包括悬挂式灯具、嵌入式灯具、吸顶式灯具、导轨式灯具和支架式灯具,其中最常见的分别是吊灯、筒灯、吸顶灯、导轨射灯、台灯、壁灯和落地灯。

灯具的选择与设计应注意以下几点。

① 与室内整体风格相协调,中式风格选择中式灯具,欧式风格选择欧式灯具,保证室内整体空间效果的协调。

② 满足不同功能的需求,并根据区域面积和照明需求有效地布置灯具,考虑照明的明暗程度和角度、灯光、颜色选择等。例如,酒店大堂的层高普遍较高,需要选择豪华、大气的装饰性灯具以体现空间的雍容华贵;西餐厅为营造怀旧、浪漫的格调常选择复古的彩色玻璃灯具或黄铜灯具,烘托空间氛围。

③ 提升生活和工作的舒适度。例如卧室的照明设计应采用低色温光源,营造温馨舒适的入睡环境,有助于身心放松;而办公空间则需要照度高、明亮的灯光效果,提高精神注意力。

④ 与室内整体光环境的营造相结合。室内光环境是综合设计艺术,需要表现出不同的光照效果。如重点照明时,可以选用导轨射灯进行强化照射,达到突出重点的目的;在一些主题墙的设计中,常用连续几个筒灯形成弧形的照射光带,既可以营造出造型的立体效果,又可以形成连续而有节奏的曲线美感。

灯具在搭配时应注意以下几点。

① 注重风格整体协调性,同时可以利用特色灯饰形成对比效果。

适宜的灯具搭配是室内空间的点睛之笔,其款式和色温对室内有重要的影响。灯具的选配应充分考虑灯饰的大小、比例、造型样式、色彩和材质对室内空间效果造成的影响。如在方正的室内空间中可以选择圆形或曲线形的灯饰,使空间更具动感和活力;在较大的公共空间中可以利用连排的、成组的、有节奏感和韵律感的吊灯,形成强烈的视觉冲击,增强美感;在独立的空间中可以利用体积较大的灯饰聚合空间,强化整体感;在界面相对单调、色彩较为统一的空间中可以利用灯饰的独特造型或色彩形成视觉焦点,弥补空间的单调与呆板。

② 利用不同的灯光效果，增加空间立体感。

灯光对室内空间效果的营造和氛围的烘托具有较大作用。明亮的灯光会让空间显得庄严、隆重、华丽，灰暗的灯光则给人压抑、宁静、柔和的感觉。例如宴会厅的灯光设计要奢华、明亮，营造热烈、欢快的就餐环境；而咖啡厅的灯光设计则要低沉、含蓄，营造温馨、浪漫的环境。

③ 体现文化特色和内涵，营造优雅的人文环境。

灯具搭配还应注意体现文化特色，与室内其他陈设组成具有文化韵味的组合陈设，展现一定的文化风貌。如中式风格的灯具常用中国传统的灯笼、灯罩的形式与中式风格的家具、绘画、瓷器等组合成极具中式传统韵味的综合陈设，营造整体空间氛围；一些泰式风格的度假酒店选用东南亚特制的竹编和藤编灯具来装饰室内，给人以自然、休闲的感觉。灯具搭配如图4-34～图4-36所示。

图 4-34 灯具搭配一

图 4-35 灯具搭配二

图 4-36 灯具搭配三

2. 织物陈设

织物是指以布艺为原材料加工而成的产品，包括窗帘、台布、靠垫、布艺壁挂等。窗帘是室内陈设里所占面积比例最大的软装饰品，对室内效果影响很大，有遮阳、隔音和调节温度的功能。应根据不同空间的特点选配窗帘，采光不好的空间可用轻质、透明的纱帘，以增加室内采光度；光线照射强烈的空间可用厚实、不透明的绒布窗帘，以减弱室内光照。隔音的窗帘多用厚重的织物来制作，褶皱要多，这样隔声效果更好。窗帘调节温度的功能主要运用色彩变化来实现，如冬天用暖色，夏天用冷色；朝阳的房间用冷色，朝阴的房间用暖色。制作窗帘的材料有布、纱、竹、塑料等，窗帘的款式包括单幅式、双幅式、束带式、半帘式、横纵向百叶帘式等，如图4-37所示。

地毯是室内铺设类装饰品，在地面装饰中起着锦上添花的作用。地毯不仅视觉效果好、艺术美感强，而且吸音效果好，利于创造安宁的室内氛围。此外，地毯还可使室内空间产生聚合感和整体感。地毯分为纯毛地毯、混纺地毯、合成纤维地毯、塑料地毯和植物编织毯等，如图 4-38 所示。

靠垫是沙发的附件，可调节人们坐、卧、靠的姿势。靠垫形状以方形和圆形为主，多用棉、麻、丝和化纤等材料，采用提花、印花和编织等制作手法，图案自由活泼、趣味性强，如图 4-39 所示。靠垫的布置应根据沙发样式进行选择，一般素色的沙发用艳色的靠垫，而艳色的沙发则用素色的靠垫。

图 4-37 窗帘设计与搭配

图 4-38 地毯设计与搭配

图 4-39 靠垫设计与搭配

3. 艺术品和工艺品

艺术品和工艺品是室内常用的装饰品。艺术品包括绘画、书法、雕塑等，有较高的艺术欣赏价值和审美价值；工艺品具有欣赏性和实用性。

艺术品感染力强，在选择上要注意与室内风格相协调，欧式风格应布置西方的绘画（油画、水彩画）和雕塑作品，中式风格应布置中国传统绘画和书法作品。而中国画的形式和题材多样，分工笔和写意两种画法，又有花鸟画、人物画和山水画三种题材。中国书法博大精深，分为楷书、草书、篆书、隶书、行书等书体。中国的书画必须进行装裱才能用于室内装饰。

工艺品主要包括瓷器、竹编、草编、木雕、石雕、盆景等，还有民间工艺品，如泥人、面人、剪纸、刺绣、织锦等。其中集艺术性、观赏性和实用性于一体的陶瓷制品特别受人喜爱，在室内放置陶瓷制品可以体现出优雅脱俗的效果。陶瓷分为两类，一类为装饰性陶瓷，主要用于摆设；另一类是观赏性和实用性相结合的陶瓷，如陶瓷水壶、陶瓷碗、陶瓷杯等。青花瓷是中国的一种传统名瓷，其沉着质朴的靛蓝色体现出温厚、优雅、和谐的美感。除此之外，一些日常用品也能较好地实现装饰功能，如一些玻璃器具和金属器具晶莹透明、光泽性好，可以增加室内华丽的氛围。

工艺品如图 4-40 和图 4-41 所示。

图 4-40 工艺品一

图 4-41 工艺品二

4. 室内陈设的搭配技巧

室内陈设搭配技巧如图 4-42～图 4-48 所示。

仿花瓣形的装饰艺术吊灯使天花的视觉效果更具观赏性和艺术表现力。这种由一种或几种造型要素按某种规律连续重复排列而产生的形式美感称为连续韵律。

造型独特的装置为空间增添了几分清新、自然的情趣，也使就餐环境多了几分艺术气息和休闲感受。

似火焰形态，呈现放射状的立面造型设计，增强了墙面的装饰美感。并且表现出强烈的视觉灵动感和扩张感，活跃了空间环境。

叶子形的水晶吊灯打破了空间的单调感，使空间更加灵动。这种按照一定节奏作有规律的逐渐增加或减少的造型设计手法称为渐变韵律。

图 4-42 室内陈设搭配技巧一

绿色的墙纸与红色的挂画形成色彩的互补关系，绿色使人感到舒适、宁静，红色在绿色的衬托下显得更加鲜明。

花式丰富的抱枕在素色墙纸和床单的衬托下显得更加突出，层次更加丰富。

仿自然花草的墙纸色彩丰富，极具装饰美感和视觉冲击力。

由丹麦家具设计大师潘东设计的潘东椅色彩纯净，造型新颖，表现出时尚、前卫的装饰美感。

色彩丰富的布艺沙发具有极强的装饰美感，在素色背景的衬托下，表现出强烈的前进感、扩张感和视觉冲击力。

红色的花瓣形窗帘使狭小的空间焕发生机。

红色系列的抱枕和床单表现出活泼、生动、热情的感觉，是适合儿童房的配色。

蓝色的灯罩与红色的布艺形成色彩的冷暖对比关系。

紫红色的枕头和床单在深灰色背景衬托下更加鲜明、突出、艳丽。

大面积的红色使空间更加活泼、生动。

色彩斑斓的布艺沙发极具视觉吸引力和装饰美感。

图 4-43　室内陈设搭配技巧二

大小错落悬挂的黑框装饰画体现出强烈的节奏感和韵律感，使墙面的视觉效果更加丰富多彩。

粗犷的文化石背景与光滑的装饰画框形成质感的对比，突出了墙面的装饰画。

大小不同、色彩各异的装饰画框丰富了墙面的装饰效果，形成立面的形式美感。这种在立面造型设计中按照一定的规律进行交错组合而产生的韵律称为交错韵律。

深色的装饰画框使挂画和墙面形成前后的层次感，大幅的装饰画在下，小幅的装饰画在上，使墙面的整体视觉效果显得更加稳重、协调。

装饰画的悬挂方式以对称和均衡为主，上下左右、斜角和对角形成视觉的平衡，使墙面的装饰效果更具秩序感。这种以中轴的水平线和垂直线为基线，使整体造型中各个部分通过相互对应达到空间和谐布局，这种表现方法称为镜面对称。

图 4-44 室内陈设搭配技巧三

天花悬挂大小不同的青花瓷碗，表现出强烈的节奏感和韵律感。

丹麦家具设计大师汉斯·维格纳设计的仿明式木质座椅，增强了空间的艺术品位。

大小不同、错落有致的素色装饰画呼应了天花造型的节奏感。

高低错落、大小不同的莲花形吊灯的节奏感和韵律感极强。

大小不同、横竖交叉的陶艺鱼形盘使墙面的造型样式更加丰富。

图 4-45 室内陈设搭配技巧四

羽毛形的塑料片大面积悬挂于天花之上，形成强烈的视觉冲击力，柔化了空间形态，使空间更具亲和力。

仿树枝形的装饰立面造型为空间带来几许自然气息。

形态各异的吊灯增强了空间的节奏感和韵律感。

斜线的透明玻璃配合磨砂半透明玻璃，表现出虚实相间的感觉。

采用中国画图案为背景的墙纸为空间增添几分文化底蕴。

天花的局部镜面处理增添了空间的趣味性。

白色的现代人体雕塑为空间增添几分艺术气息。

图 4-46 室内陈设搭配技巧五

造型独特的红酒杯里放置几朵黄玫瑰，极具浪漫情调。

餐桌上的插花美化了空间环境，营造出温馨、浪漫的就餐氛围。

宛如片片树叶的碗碟设计，形状独特、新颖。

玻璃内置花球的陈设为餐桌增添了几分闲情逸趣。

白色的瓷碟配合水晶的酒杯和烛台显得晶莹剔透、光彩明亮。

不锈钢材质的烛台配色白瓷餐具显得明快硬朗。

图 4-47 室内陈设搭配技巧六

水池的飘洒的花瓣营造出浪漫、温馨的情调。

粗糙的墙面更具原始、野性的美感。

蜡烛的烛光是营造空间情调的常见设计元素。

绿色纱布包裹的天花造型新颖、独特,极具异国风情。

仿蕉叶形的窗帘盒设计极具自然气息。

凹凸重叠的木条使墙面更具形式美感。

动物皮革地毯极具自然原生态情趣。

图 4-48 室内陈设搭配技巧七

三、学习任务小结

通过本节学习,我们了解了室内陈设的种类以及设计和搭配技巧,并通过赏析大量室内陈设设计,提升了对室内陈设设计的认识。课后,同学们要多欣赏和分析不同类型室内陈设设计作品的特点,找出其中的规律,理解设计创作思路和表现技巧,深入挖掘作品的价值和内涵,全面提升自己的室内陈设设计能力。

四、课后作业

(1)收集 20 个优秀的灯具设计作品进行赏析,并制作成 PPT 展示。
(2)绘制 5 幅室内陈设设计手绘草图。

项目五
室内色彩、照明与装饰材料设计

学习任务一　室内色彩设计
学习任务二　室内照明设计
学习任务三　室内装饰材料设计与应用

学习任务一 室内色彩设计

教学目标

（1）专业能力：理解色彩的基本原理和典型特征，运用色彩原理进行室内色彩设计，归纳和总结室内色彩搭配的规律。

（2）社会能力：搜集、归纳和整理室内色彩设计方案，结合日常生活中的室内空间配色案例总结室内色彩搭配的方法。

（3）方法能力：提高信息和资料搜集能力，案例分析能力，归纳总结能力。

学习目标

（1）知识目标：运用色彩原理进行室内色彩设计。

（2）技能目标：从优秀的室内色彩设计案例中总结室内色彩搭配的规律，并创造性地运用到室内设计项目中。

（3）素质目标：清晰地理解和表述色彩的基本原理，创造性地运用色彩原理进行室内色彩设计。

教学建议

1. 教师活动

（1）教师展示优秀室内色彩设计案例，让学生赏析，提高学生的室内色彩设计能力。同时，运用多媒体课件、教学视频等多种教学手段，讲授室内色彩搭配的规律，并指导学生进行练习。

（2）将思政教育融入课堂教学，引导学生发掘中华传统艺术中的色彩运用规律，并结合学生喜闻乐见的海报色彩设计讲解室内色彩设计的搭配技巧。

2. 学生活动

（1）选取优秀的学生室内色彩设计作业进行点评，让学生进行现场展示和讲解，训练其语言表达能力和沟通协调能力。

（2）构建有效促进学生自主学习、自我管理的教学模式和评价模式，强调学以致用，"以学生为中心"取代"以教师为中心"。

一、学习问题导入

如图5-1所示，是国内曾经热播的一部电影《致我们终将逝去的青春》剧照。这张图应用很多色彩的原理来隐喻情节，吸引眼球，如红色与绿色的互补色搭配，红色象征热情，绿色象征青春与成长。由此可见，色彩对形态的表现以及文化的隐喻有着重要作用。接下来我们一起学习室内色彩设计的相关知识。

图5-1 电影《致我们终将逝去的青春》剧照

二、学习任务讲解

1. 色彩的基本原理

（1）什么是色彩。

色彩是由光的刺激而产生的一种视觉效应。光是产生色的原因，色是光照射的结果，有了光，也就有了色。色彩分为固有色、光源色和环境色。固有色是指物体在正常的白色日光下所呈现的色彩特征，即固有不变的色彩。光源色是指由各种光源发出的光形成的不同色光。光源分为自然光和人造光两种。自然光主要指白色日光，人造光包括灯光、烛光、激光等。有光才有色，物体在受到光的照射后才能呈现出明暗与色彩。不同的光源色会对物体产生不同的影响。环境色也称条件色，是指某一物体反射出一种色光又反射到其他物体上的颜色。环境色一般比较微弱，但是它会在一定程度上影响周围物体的色彩。

（2）色彩的三要素。

色彩分为无彩色和有彩色两大类。黑、白、灰为无彩色，除此之外的任何色彩都为有彩色。色相、明度和纯度是色彩的三要素。色相是色彩的相貌，是色彩之间相互区别的名称，如红色相、黄色相、绿色相等；明度是色彩的明暗程度，明度越高、色彩越亮，明度越低、色彩越暗；纯度是色彩的鲜艳程度或饱和程度，纯度越高、色彩越艳，纯度越低、色彩越灰。

2. 色彩的典型特征及其在室内设计领域的应用

每种色彩都有自身的典型特征，在一定程度上，色彩的美感取决于人的主观感受。人对色彩的好恶受到年龄、性格、职业、习惯和文化修养等的影响。因此，色彩无所谓美与不美，关键在于能否达到使用者的审美要求。

（1）红色。

红色具有鲜艳、热烈、热情、喜庆的特点，给人勇气与活力，是一种积极的、振奋人心的颜色。红色色彩感知度较高，有一种蓄势待发的能量，可以刺激神经，促进机体血液循环，引起人的注意并使人产生兴奋、激动、快乐和紧张的感觉。它使人联想到太阳与火焰，视觉冲击力强、充满力量感。红色应用于室内设计，可以大大提高空间的注目性，使室内空间产生温暖、热情、自由奔放的感觉，如图5-2和图5-3所示。

图5-2 红色在室内设计中的应用案例一　　　　图5-3 红色在室内设计中的应用案例二

图5-4 黄色在室内设计中的应用案例一

图5-5 黄色在室内设计中的应用案例二

（2）黄色。

黄色具有高贵、奢华、温暖、柔和、怀旧的特点，象征光明，给人以明朗、闪耀的印象，能引起无限的遐想，渗透出灵感和生气，启发人的智慧，使人欢乐和振奋，黄色高贵、典雅，具有大家风范；古典、唯美，具有怀旧情调。黄色是室内设计的主色调时，能营造出活泼生动、幸福喜悦的氛围，使室内空间产生温馨、柔美的感觉，令人心情愉悦，感染力极强，如图5-4和图5-5所示。

（3）绿色。

绿色具有清新、舒适、休闲的特点，有助于消除神经紧张和视力疲劳、缓解压力、抚慰心灵，象征青春、成长和希望，令人心旷神怡、舒适平和。绿色富有生命力，使人产生自然、闲适的感觉，传达出新生的希望、健康和谐的态度。绿色运用于室内设计，可以营造出朴素简约、清新明快的室内气氛，使人联想到理想、田园、青春，如图5-6和图5-7所示。

图5-6 绿色在室内设计中的应用案例一

图5-7 绿色在室内设计中的应用案例二

（4）蓝色。

蓝色具有清爽、宁静、优雅的特点，象征深远、理智和诚实，是一种冷静而知性的颜色，意味着沟通与和平，表现出现代感和科技感，也是一种容易让人产生幻想的颜色。它使人联想到天空和海洋，有镇静作用，能缓解紧张情绪，令人感到安宁与轻松。蓝色宁静又不乏生气，高雅脱俗，运用于室内设计，可以营造出清新雅致、宁静自然的室内气氛，给人以科学、理想、理智的感觉，如图5-8和图5-9所示。

图5-8 蓝色在室内设计中的应用案例一

（5）紫色。

紫色具有冷艳、高贵、浪漫、温情的特点，具有浪漫柔情，是爱与温馨交织的颜色，适用于表现女性的优雅与多愁善感。紫色运用于室内设计，可以营造出高贵、纯情、时尚的室内气氛，如图5-10所示。

图5-9 蓝色在室内设计中的应用案例二

图5-10 紫色在室内设计中的应用案例

（6）橙色。

橙色具有新鲜、刺激、活泼、健康、兴奋、温暖、欢乐、热情的特点，让人联想到金色的秋天和丰收的果实，给人以动感和活力、温馨与抚慰，适用于表现欢快的主题，营造青春、时尚的室内气氛，如图5-11所示。

图 5-11 橙色在室内设计中的应用案例

（7）灰色。

灰色具有简约、平和、中庸的特点，象征儒雅、理智和严谨，是深思而非兴奋、平和而非激情的色彩，令人视觉放松，给人以朴素的感觉。它使人联想到金属材质，具有冷峻、时尚的现代感。灰色运用于室内设计，可以营造出宁静、柔和、雅致的室内气氛，如图 5-12 所示。

图 5-12 灰色在室内设计中的应用案例

（8）黑色。

黑色具有稳定、庄重、严肃、性感的特点，象征理性、稳重和智慧。它是无彩色系的主色，可以降低色彩纯度，丰富色彩层次，给人以安定、平稳的感觉。黑色运用于室内设计，可以增强空间的稳定感，营造出朴素、宁静、超脱的室内气氛，如图 5-13 所示。

图 5-13 黑色在室内设计中的应用案例

（9）白色。

白色具有洁净、纯真、浪漫、神圣的特点，象征高贵、大方，使人联想到冰与雪，具有冷调的现代感和未来感。它具有镇静作用，给人以理性、秩序和专业的感觉；具有膨胀效果，使空间显得更加宽敞、明亮。白色运用于室内设计，可以营造出轻盈、素雅的室内气氛，如图5-14所示。

图5-14 白色在室内设计中的应用案例

3. 色彩搭配在室内设计的应用

室内色彩的搭配是指将两种或者两种以上的色彩按照一定的比例和主次关系组合在一起，烘托室内气氛，强化室内主题的色彩设计形式。色彩的合理搭配不仅可以使室内色彩更加丰富多彩，而且可以美化视觉效果，营造出不同的环境气氛。常见的室内色彩搭配形式及其形成的室内色彩印象和色彩主题见表5-1，各种色彩主题在室内设计中的应用案例如图5-15～图5-22所示。

表5-1 常见的室内色彩搭配

序号	室内色彩搭配形式	室内色彩印象	色彩主题
1	黄色＋木色＋茶色（咖啡色）	怀旧、古典、内敛、温馨、柔和	怀旧色
2	黄色＋木色＋绿色	清新、舒适、休闲、轻松、明快	清新色
3	黄色＋紫色	浪漫、激情、活力四射	激情色
4	黄色＋橙色＋黑色	活泼、开朗、动感、乐观、积极向上	乐观色
5	冷灰色＋暖灰色＋白色	简约、朴素、儒雅、平和、时尚	儒雅色
6	粉红色＋白色	可爱、浪漫、迷情、梦幻、柔美	可爱色
7	暖灰色＋浅木色＋白色＋黑色	儒雅、宁静、温馨、轻柔	温馨色
8	冷灰色＋灰蓝色＋白色＋黑色	冷峻、理智、时尚、庄重、典雅	冷峻色

图 5-15 怀旧色在室内设计中的应用案例　　　　　图 5-16 清新色在室内设计中的应用案例

图 5-17 激情色在室内设计中的应用案例

图 5-18 乐观色在室内设计中的应用案例

图 5-19 儒雅色在室内设计中的应用案例

图 5-20 可爱色在室内设计中的应用案例

图 5-21 温馨色在室内设计中的应用案例

图 5-22 冷峻色在室内设计中的应用案例

三、学习任务小结

通过本节学习，同学们已经初步了解各种色彩的典型特征及其对人的生理和心理产生的影响，以及一些室内色彩设计的方法和搭配形式。优秀案例的展示和分析使同学们对室内色彩设计有了深层的理解。课后，大家要进行相应的室内色彩设计分析练习，先收集相关的案例图，再归纳、整理，用 PPT 展示。

四、课后作业

（1）制作 10 页室内色彩设计展示 PPT。
（2）收集和整理 10 套室内色彩设计方案。

学习任务二 室内照明设计

教学目标

（1）专业能力：掌握室内照明设计的基本知识，设计符合安全要求和美学要求的照明效果。

（2）社会能力：关注照明设计潮流和发展方向，根据不同功能空间的要求设计不同的照明方案。

（3）方法能力：提高信息和资料搜集能力，设计案例分析、提炼及应用能力。

学习目标

（1）知识目标：掌握室内照明设计的基本原则，不同功能空间的照明设计方法。

（2）技能目标：独立完成合理、美观的室内照明设计。

（3）素质目标：大胆、清晰地表述自己的照明设计方案，具备团队协作能力和一定的语言表达能力，培养综合职业能力。

教学建议

1. 教师活动

（1）教师展示搜集的室内照明设计图片，提高学生对室内照明设计的直观认识。同时，运用多媒体课件、教学视频等多种教学手段，讲授室内照明设计的学习要点，指导学生进行设计。

（2）引导学生发现照明美学，并应用到室内照明设计作品中。

（3）教师展示优秀室内照明设计作品，引导学生从日常生活和各类型设计案例中提炼室内照明设计规律，并进行创新设计。

2. 学生活动

（1）选取优秀的室内照明设计作业进行点评，让学生分组进行现场展示和讲解，训练其语言表达能力和沟通协调能力。

（2）构建有效促进学生自主学习、自我管理的教学模式和评价模式，强调学以致用，"以学生为中心"取代"以教师为中心"。

一、学习问题导入

室内照明设计是指利用灯光实现室内达到照明效果,室内照明应结合具体的使用空间要求进行设计,其构建的和谐、轻松、安宁、平静的空间效果对室内设计内涵和底蕴的表达至关重要。照明设计是室内设计的重要组成部分,其原则是方便室内空间中人的活动,营造安全和舒适的生活环境。在日常生活中,光不仅是室内照明的条件,还是表达空间形态、营造环境氛围的基本元素。室内自然光或灯光照明设计不仅必须在功能上满足人们多种活动的需要,还应该注重空间的照明效果。室内照明设计案例如图5-23和图5-24所示。

图5-23 美术馆照明设计

图5-24 餐厅照明设计

1. 室内照明的类型

室内照明的类型按照灯具光通量、照明分布状况和灯具的安装角度不同,主要有五种,即直接照明、半直接照明、间接照明、半间接照明和漫射型(一般)照明,见表5-2。

表5-2 室内照明类型

照明分类	直接照明	半直接照明	间接照明	半间接照明	漫射型(一般)照明
光线方向	发光体的光线未经过其他介质,直接照射于需要光源的平面	发光体的光线未经过其他介质,让大多数光线直接照射于需要光源的平面	发光体的光线需经过其他介质,让光反射到需要光源的平面	发光体的光线需经过其他介质,让大多数光线反射到需要光源的平面	发光体的光线向四周呈360°的扩散漫射至需要光源的平面
上照光线	0~10%	10%~40%	90%以上	60%~90%	40%~60%
下照光线	90%以上	60%~90%	0~10%	10%~40%	40%~60%

(1)直接照明。

直接照明就是光线通过灯具射出的照明方式。其中90%以上的光通量可到达工作面上。直接照明具有强烈的明暗对比,能形成生动有趣的光影效果,并突出工作面在室内环境中的主导地位,如图5-25所示。但是直接照明亮度较高,要防止眩光的产生。

图 5-25 办公室的直接照明

（2）半直接照明。

半直接照明就是使用半透明材料制成的灯罩罩住光源上部，让 60%～90% 的光线集中射向工作面，10%～40% 被罩光线经过灯罩扩散的照明方式。它常用于层高较低的空间，柔和的漫射光线可以照亮平顶，使空间顶部更加明亮，产生增加高度的视错觉，能够加强空间的延伸感，如图 5-26 所示。

（3）间接照明。

间接照明就是将光源遮蔽而产生间接光，其中 90%～100% 的光线通过反射照射到工作面，10% 以下的光线直接照射在工作面的照明方式。常见的间接照明有两种：一种是将不透明灯罩或遮挡物设置在灯源的下部，光线反射形成间接光线；另一种是将灯泡设在灯槽内，光线反射形成间接光线。间接照明对于柔化室内灯光效果、烘托室内气氛有较大的作用，如图 5-27、图 5-28 和图 5-29 所示。

图 5-26 落地灯和台灯的半直接照明

图 5-27 间接照明一　　图 5-28 间接照明二　　图 5-29 间接照明三

（4）半间接照明。

半间接照明与半直接照明相反，即把半透明灯罩装在光源下部，60%～90% 的光线射向平顶，形成间接光源，10%～40% 的光线经灯罩向下扩散。它能产生比较特殊的照明效果，增加空间高度，还可以增强灯光的装饰性，如图 5-30 所示。

图 5-30 半间接照明

（5）漫射型照明。

漫射型照明就是利用灯具的折射功能来控制眩光，将光线向四周扩散、漫散的照明方式。它能让光线更加柔和，令人视觉舒适，营造宁静、优雅的空间氛围，如图5-31所示。

2. 常用的照明设计方法

常用的照明设计方法有面光表现、光带表现及点光表现。

（1）面光表现。

面光表现是指将天花、墙面、地面做成发光面的照明设计方法。它可以使空间获得较为均匀的采光，保证基本照度需求，如图5-32所示。

（2）光带表现。

光带表现是指将光源布置成带状的照明设计方法。光带的形式多种多样，有方形、格子形、条形、环形等，可以设置在天花、墙面和地面，有一定的装饰性和导向性，是常用的室内辅助照明方法，如图5-33～图5-35所示。

（3）点光表现。

点光是指照射范围小而集中的光源。点光表现的光照范围有限，适用于重点区域的照明，能起到强调和突出的作用，点状的形式也可以增强空间的装饰美感，如图5-36所示。

图 5-31 漫射型照明

图 5-32 发光天花设计

图 5-33 光带的导向作用

图 5-34 地面光带

图 5-35 天花光带

图 5-36 点光表现

3. 室内照明设计的价值

无论是居住空间还是商业空间，室内照明设计都具有很重要的意义，它不仅可以提升空间的品质，而且可以营造舒适、优雅的环境气氛。室内照明设计的价值主要包括以下几点。

（1）营造空间气氛。

光照强度与光的色彩是决定室内气氛的主要因素。光的刺激能够对人的情绪产生影响，照明充足、光线明亮的空间可以鼓舞人心，而幽暗的光照环境则会令人感到轻松和宁静。对于私密性较强的谈话区，可以将照明亮度减少到功能强度的 1/5。光线弱的灯可以布置在较低处，使空间更为亲切。

室内气氛的营造也离不开灯光的光色设计，例如在餐厅、咖啡馆空间设计中，经常会采用偏暖色的灯光来烘托气氛，让整个空间更加温馨、浪漫。暖色光使人的皮肤、面容显得更加健康、美丽、动人。冷色光则使人感觉凉爽、宁静、安详。由于色彩随着光源的变化而变化，许多色调在白天阳光照耀下显得光彩夺目，但在夜间如果没有适当的照明，就可能变得暗淡无光。德国巴斯鲁大学心理学教授马克思·露西雅谈到利用照明时说："与其利用色彩来创造气氛，不如利用不同程度的照明，效果会更理想。"室内照明营造空间气氛的案例如图 5-37 和图 5-38 所示。

图 5-37 幽暗的灯光让酒店通道显得宁静、安详

图 5-38 冷调的灯光让空间显得庄严、肃穆

（2）加强空间的立体感和层次感。

空间的立体感和层次感可以通过照明设计充分呈现出来。室内空间的开敞性与光的亮度一般成正比，亮的房间会令人感觉面积大一些、开阔一些；暗的房间则会令人感觉面积小一些、紧凑一些。室内照明可以用直接照明的方式加强物体的阴影和光影对比效果，强化空间的立体感和层次感，并突出视觉中心。直接照明和间接照明的综合运用，可以使空间变得虚实有度、层次分明，如图 5-39 所示。

图 5-39 光影效果增加了空间的立体感

（3）利用光影展现艺术感。

光和影本身就是一种特殊的艺术，阳光透过树梢，在地面上洒下一片光斑，疏密有致、随风变幻，这种艺术魅力是难以用语言表达的。室内的光影艺术要通过照明设计来创造。光的照射形式多样，可以利用各种照明装置，在恰当的部位营造生动的光影效果来丰富空间的艺术感，如图5-40、图5-41所示。

图 5-40 利用光影展现艺术感

图 5-41 利用舞台的灯光效果提升艺术感

4. 室内照明设计的原则

光照对于人的视觉功能的发挥非常重要，没有光就没有明暗和色彩。光照不仅是人的视觉判断物体形状、空间、色彩的条件，而且是美化环境必不可少的物质条件。光照可以构成空间，也可以改变、美化空间，营造不同的空间情调和气氛。室内照明设计主要有以下设计原则。

（1）功能性原则。

室内照明设计必须符合功能的要求，根据不同的空间、场合、对象选择不同的照明方式，并保证恰当的照度和亮度。

（2）美观性原则。

室内照明是装饰美化环境和创造艺术气氛的重要手段。为了增加室内空间的美感，室内照明设计要充分考虑美观性原则，在照明灯具的样式选择、灯光照射的角度、灯光的色彩等方面进行综合设计，创造出多样的空间效果。

（3）经济性原则。

室内照明设计的作用是满足人们视觉生理和审美心理的需要，使室内空间最大限度地体现实用价值和欣赏价值，并达到使用功能和审美功能的统一。室内照明的设计要充分考虑经济性原则，合理地分配灯具和布置光源，减少光污染。

（4）安全性原则。

室内照明设计要安全可靠，必须采取严格的防触电、防断路等安全措施，避免意外事故的发生。

三、学习任务小结

通过本节学习，同学们已经初步了解室内照明的类型，也掌握了室内照明设计的方法、价值及原则。课后，同学们可以仔细观察生活中的室内照明设计案例，总结其方式、方法，并运用到实践中。

四、课后作业

（1）每位同学收集5个室内照明设计案例，并制作成15页左右的PPT。

（2）设计并绘制1套住宅灯光平面布置图，选择最精彩的2个部分绘制效果图（可选择手绘或电脑作图）。

室内装饰材料设计与应用

教学目标

（1）专业能力：掌握室内装饰材料的基本分类与特性，合理地应用材料。

（2）社会能力：了解室内装饰材料潮流和发展方向，正确选择符合实际情况的装饰材料。

（3）方法能力：提高信息和资料搜集能力，设计案例分析、提炼及应用能力。

学习目标

（1）知识目标：了解室内装饰材料的分类与应用。

（2）技能目标：独立完成室内天花板、墙壁、地面的材料设计。

（3）素质目标：大胆、清晰地表述自己的材料设计方案，具备团队协作能力和一定的语言表达能力，培养综合职业能力。

教学建议

1. 教师活动

（1）教师展示搜集的室内装饰材料设计案例，提高学生对室内装饰材料设计的直观认识。同时，运用多媒体课件、教学视频等多种教学手段，讲授室内装饰材料设计的学习要点，指导学生进行设计。

（2）引导学生发现材料美学，并应用到室内设计中。

（3）教师通过对优秀室内设计作品的展示，引导学生从室内设计材料设计案例中提炼设计规律，并进行创新设计。

2. 学生活动

（1）选取优秀的室内装饰材料设计作业进行点评，让学生分组进行现场展示和讲解，训练其语言表达能力和沟通协调能力。

（2）构建有效促进学生自主学习、自我管理的教学模式和评价模式，强调学以致用，"以学生为中心"取代"以教师为中心"。

一、学习问题导入

室内装饰材料是指用于建筑内部墙面、顶棚、柱面、地面和隐蔽工程施工的装饰材料。其种类繁多，按材质分类包括塑料、金属、陶瓷、玻璃、木材、涂料、织物、石材等；按功能分类包括吸声、隔热、防水、防潮、防火、防霉、耐酸碱、耐污染材料等；按装饰部位分类则有墙面装饰材料、顶棚装饰材料、地面装饰材料等。

二、学习任务讲解

1. 室内装饰材料的分类

（1）木材。

木材具有自然的纹理和柔软的触感，能使室内空间产生温暖与亲切的感觉，是较为常用的装饰材料。室内装饰常用的木材包括木地板、木饰面板、木装饰线条、木花格等。以下简单介绍前两种。

① 木地板。

木地板分为实木地板、复合木地板和软木地板。实木地板又叫原木地板，是用实木直接加工成的地板。它具有木材自然生长的纹理，冬暖夏凉，脚感舒适，绿色安全，如图5-42所示。

图 5-42 实木地板

复合木地板是由不同树种的板材交错层压而成的多层叠压木地板。它克服了实木地板单向同性的缺点，干缩湿胀率小，具有较好的尺寸稳定性，并一定程度上保留了实木地板的自然纹理和舒适的脚感。它的芯板由木纤维、木屑或其他木质粒状材料压制而成，耐磨性强，不易变形、干裂，不需打蜡，耐久性好，如图5-43所示。

② 木饰面板。

常见的木饰面板分为天然木饰面板和人造木饰面板。前者纹理图案自然，变异性比较大，无规则；后者纹理基本为通直纹理，成本较低。常见的人造木饰面板有胶合板、复合

图 5-43 复合木地板

木板、刨花板、木丝板、纤维板等，前四种如图5-44～图5-47所示。

胶合板是将原木旋切成的薄片，用胶黏合热压而成的人造板材，层数最多可达15层。它大大提高了木材的利用率，其主要特点是材质均匀、强度高、幅面大、使用方便，广泛应用于室内隔墙板、护壁板、顶棚板、门面板。

复合木板又叫细木工板，它由3层板材胶黏压合而成。其上、下面层为胶合板，芯板是由木材加工后剩余的短小木料经加工制得木条，再用胶黏拼合而成的板材。复合木板幅面大、表面平整、使用方便。

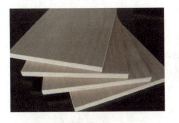

图 5-44 胶合板

图 5-45 复合木板

图 5-46 刨花板

图 5-47 木丝板

（2）塑料。

塑料是以单体为原料，通过加聚或缩聚反应聚合而成的高分子化合物，其抗形变能力中等，介于纤维和橡胶之间。塑料由合成树脂及填料、增塑剂、稳定剂、润滑剂、色料等添加剂组成。主要成分是树脂，树脂是指尚未和各种添加剂混合的高分子化合物。塑料具有质轻、绝缘、耐腐、耐磨、绝热、隔声等优良性能。室内装饰常用的塑料包括塑料板材、塑料管材、塑料门窗等。

① 塑料板材。

塑料板材就是以塑料为原料做成的板材。常见的塑料板材有塑料贴面装饰板、PVC塑料装饰板和塑料金属复合装饰板等，如图5-48所示。常用于卫生间顶棚的铝塑板就属于塑料金属复合装饰板的一种，具有耐腐蚀、强度大、抗老化、防水、防潮、不易变形等优点，如图5-49所示。

图 5-48 塑料装饰板

图 5-49 铝塑板

② 塑料管材。

塑料管材是塑料制品中的大宗产品，塑料管材与金属管材、水泥管材等传统管材相比，具有质量轻、易着色、不需涂装、耐腐蚀、热导率低、绝缘性能好、能耗低、流动阻力小、内壁不结垢、施工安装和维修方便等优点，如图5-50所示。

③ 塑料门窗。

塑料门窗即采用U-PVC塑料型材制作而成的门窗。塑料门窗具有抗风、防水、保温的特性。由于塑料的变形较大、刚度较差，因此一般在成型的塑料门窗型材的空腔中嵌装轻钢或铝合金型材进行加强，从而增加门窗的刚度，提高其牢固性。

图 5-50 塑料管材

（3）金属。

金属是一种具有光泽（即对可见光强烈反射）、富有延展性、容易导电及导热的物质。地球上绝大多数金属元素是以化合态存在于自然界中的，这是因为多数金属的化学性质比较活泼，只有极少数金属如金、银等以游离态存在。金属广泛存在于自然界中，在生活中应用极为普遍，是现代工业中非常重要和应用最多的一类物质。室内装饰常用的金属有铝及铝合金、不锈钢、铜及铜合金等，以下简单介绍前两种。

① 铝合金。

铝的导电和导热性能都很好，化学性质很活泼，为了提高铝的实用价值，往往在铝中加入其他元素组成铝合金。铝合金种类很多，用于室内装饰的是锻铝合金。铝合金装饰制品有铝合金门窗、铝合金吊顶材料、铝合金装饰板、铝箔、镁铝饰板、铝合金栏杆等，前两种如图5-51和图5-52所示。

图 5-51 铝合金门窗　　图 5-52 合金吊顶材料

② 不锈钢。

不锈钢是不锈耐酸钢的简称，它是耐空气、蒸汽、水等弱腐蚀介质或具有不锈性的钢种。室内装饰常用的不锈钢有板材和管材两种形式。不锈钢坚硬，表面平滑，光泽性较好，具有一定的反射效果，可通过表面着色处理加强装饰效果，如图5-53和图5-54所示。

图5-53 不锈钢装饰条　　图5-54 着色不锈钢装饰墙

（4）玻璃。

玻璃是非晶无机非金属材料，一般是以多种无机矿物如石英砂、硼砂、硼酸、重晶石、碳酸钡、石灰石、长石、纯碱等为主要原料，加入少量辅助原料制成的。它的主要成分为二氧化硅和其他氧化物。室内装饰领域的玻璃主要有平板玻璃、磨砂玻璃、镀膜反光平板玻璃、压花玻璃、雕花玻璃、冰花玻璃、钢化玻璃、夹层玻璃、中空玻璃、玻璃砖等，以下简单介绍前两种。

① 平板玻璃。

平板玻璃透光、隔声、透视性好，有一定的隔热、隔寒性，硬度高，抗压强度好，耐湿，耐擦洗，耐酸碱腐蚀但质脆，怕强震，怕敲击。主要用于门窗、隔断、家具玻璃门等，如图5-55所示。

② 磨砂玻璃。

磨砂玻璃是将平板玻璃加入硅砂、金刚砂、石棉石粉作为研磨材料，加水研磨而成的玻璃，具有透光而不透明的特点。由于光线通过磨砂玻璃后形成漫射，它还有避免眩光刺眼的优点。主要用于室内门窗、各种隔断和各式屏风，如图5-56所示。

图5-55 平板玻璃　　图5-56 磨砂玻璃

（5）石材。

石材包括天然石材和人造石材两大类。天然石材指天然大理石和花岗岩，人造石材包括水磨石、人造大理石、人造花岗岩和其他人造石材。石材具有抗压强度高、耐腐蚀、纹理美观、经久耐用的特点。室内装饰常用的石材包括饰面石材、铺地石材等，如图5-57和图5-58所示。

图 5-57 饰面大理石　　　图 5-58 铺地鹅卵石

（6）陶瓷。

陶瓷通常指以黏土为主要原料，经原料处理、成型、焙烧而成的无机非金属材料。普通陶瓷制品按所用原材料种类不同以及坯体密实程度不同，可分为陶器、瓷器和炻器三大类，以下简单介绍前两类。

陶器以陶土为主要原料，经低温烧制而成。其断面粗糙无光，不透明，不明亮，敲击声粗哑。陶器按其原料土杂质含量的不同又分为粗陶和精陶两种。黏土砖、瓦、盆、罐等都是最普通的粗陶制品，饰面用的彩陶、美术陶瓷等属于精陶制品。

瓷器以磨细岩石粉为原料，经高温烧制而成。其胚体密度大，基本不吸水，具有半透明性，有釉层，敲击声清脆。瓷器按其原料的化学成分与制作工艺的不同分为粗瓷和细瓷两种。瓷质制品多为日用细瓷、陈设瓷、美术瓷、高频装置瓷等。

（7）织物。

织物是由细小柔长的物体通过交叉、绕结、连接构成的平软片块物，包括机织物、针织物和无纺织物。机织物是由存在交叉关系的纱线构成的；针织物是由存在绕结关系的纱线构成的；无纺织物是由存在连接关系的纱线构成的。室内常见的织物包括墙纸、墙布、窗帘、地毯、桌布等，具有柔软、舒适、图案丰富、装饰效果强的特点，如图 5-59 和图 5-60 所示。

图 5-59 墙纸　　　图 5-60 地毯

（8）涂料。

涂料是指涂于物体表面能形成具有保护、装饰或特殊性能（如绝缘、防腐等）的固态涂膜液体。"油漆"是涂料的传统叫法，因为早期涂料大多以植物油为主要原料。现在合成树脂已大部分取代了植物油，故称为"涂料"。涂料主要包括油漆、水性漆、木器漆、粉末涂料、木蜡油等。

室内装饰常用的涂料包括内墙漆、外墙漆、木器漆、金属漆和地坪漆。其中水性涂料和溶剂性涂料用量最大，室内用的墙面漆大多采用水性乳胶漆，家具的木器漆则较多使用溶剂性漆。涂料具有色彩丰富、施工便捷、表面光洁、耐油、耐碱性的特点，如图5-61所示。

图 5-61 室内涂料的应用

（9）龙骨。

龙骨是用来支撑造型、固定结构的一种建筑材料，是装修的骨架和基材，在室内装饰中使用非常普遍，例如铺地板前须在下方铺装龙骨，吊顶须使用龙骨做骨架造型等。龙骨的种类很多，根据制作材料不同可分为木龙骨、轻钢龙骨等；根据使用部位不同又可分为吊顶龙骨、竖墙龙骨、铺地龙骨等；根据施工工艺不同，还有承重龙骨及不承重龙骨之分。

木龙骨和轻钢龙骨是室内装饰应用较广泛的龙骨。木龙骨价格实惠，塑形能力强，但是受潮容易变形，不防火，安装前必须保持干燥，刷防火、防腐涂料。轻钢龙骨具有质量轻、强度高、防水、防震、防尘、隔声的特点，施工便捷，不易变形。

2. 室内装饰材料的选用原则及其应用

（1）室内装饰材料的选用原则。

选用室内装饰材料首先要考虑环保性，即材料是否绿色环保，减少装饰材料对人体的伤害。其次要注重实用性，即考虑其使用功能。例如在人流量大的公共空间采用耐磨、耐腐蚀、不易褪色、不易脏污的材料，在私密性比较强的居住空间采用柔软、舒适的材料等。然后还要考虑经济性，遵循经济适用的原则，在有限的预算内合理选用。

（2）室内装饰材料的应用。

装饰材料应用于室内设计中要关注以下几个方面。

① 材料的质地。

质地是材料的物理属性，包括自然质地和人工质地。自然质地是由物体的成分、化学特性等构成的自然物面，例如石材的石纹、木材的木纹等。人工质地是人为对物体进行技术性和艺术性加工处理后形成的物面，例如金属的光亮质地、陶瓷的釉面质地、织物的柔软质地等。将不同质地的装饰材料有机、合理地组合起来，形成材料的多样性，可以增强空间的装饰效果。

② 材料的色彩。

材料的色彩分为天然的和人造的。天然的色彩给人素雅、古朴的感受，但有时由于室内环境的需要，要对材质进行人工处理来改变材料的本色，或者利用灯光来改变材料的显现色，使其更加和谐、自然。

③ 材料的组合。

室内空间的材料设计往往要对若干种装饰材料进行组合与搭配。采用相同质地的木饰面板或石材时，需要采用对缝、拼角、对纹等手法，保证材料的整体性和连贯性如图5-62所示。采用不同质地的材料进行组合时，需要考虑质地、肌理、颜色、花纹之间的对比效果，形成突出与被突出的关系，使空间更有层次感，如图5-63所示。

图 5-62 相同质地的材料的对纹组合　　图 5-63 不同质地的材料的对比组合

④ 材料的环保。

材料的环保是材料设计必须遵循的基本原则，对废旧材料的回收与再利用是目前材料设计与应用领域的热门研究方向。例如用瓦楞纸制作家具，根据不同承载力的需要，将瓦楞纸进行叠加、穿插、组合，做成书柜、桌子、椅子等。这种纸质家具具有成本低、质量轻、加工简易、制作方便的优点。

硅藻泥是一种新型环保材料，它是以硅藻土为主要原材料的室内装饰壁材。硅藻是生活在数百万年前的一种单细胞的水生浮游类生物，死后沉积水底，经过亿万年的积累和地质变迁成为硅藻土，硅藻土配以无机胶凝物质形成硅藻泥。硅藻泥具有消除甲醛、净化空气、调节湿度、释放负氧离子、防火阻燃、墙面自洁、杀菌除臭等功能，在室内装饰领域应用广泛，如图5-64所示。

图 5-64 硅藻泥的应用

三、学习任务小结

通过本节学习，同学们已经初步了解室内装饰材料的类型和属性。通过图片展示与应用分析，了解了室内装饰材料设计的方式与方法。室内装饰材料在日常生活中随处可见，大家可以仔细观察生活中的案例，积累素材，为今后的设计打好基础。

四、课后作业

（1）分组去装饰材料市场进行考察，根据考察情况写一份500字左右的市场调查报告。

（2）绘制1套住宅装饰图纸，在平面图和立面图上标出所用的装饰材料。

项目六
居住空间设计

学习任务一　玄关和客厅设计
学习任务二　卧室设计
学习任务三　餐厅和书房设计
学习任务四　厨房和卫生间设计

玄关和客厅设计

教学目标

（1）专业能力：认识、理解玄关和客厅设计的基本功能。

（2）社会能力：通过课堂师生问答、小组讨论，提升表达与交流能力。

（3）方法能力：学以致用，加强实践，通过欣赏、分析，开展玄关和客厅设计创作，提升实践能力，积累经验。

学习目标

（1）知识目标：根据玄关和客厅的布局、风格、材料进行功能区空间划分、色彩搭配和家具布置。

（2）技能目标：从优秀的玄关和客厅设计中总结设计方法和技巧。

（3）素质目标：鉴赏优秀的玄关和客厅设计作品，提升专业兴趣，提高设计能力。

教学建议

1. 教师活动

（1）教师展示优秀玄关和客厅设计作品，运用多媒体课件、教学视频等多种教学手段，进行知识点讲授和作品赏析。

（2）引导学生对优秀的玄关和客厅设计进行分析并讲解设计要点与方法。

（3）引导学生进行课堂小组讨论，鼓励学生积极表达观点。

2. 学生活动

（1）认真听课，观看并学会欣赏作品，加强对玄关和客厅设计的理解，积极大胆地表达看法，与教师良好地互动。

（2）认真观察与分析，保持热情，学以致用，加强实践与总结。

一、学习问题导入

居住空间设计是指针对人们居住和生活的室内空间进行的规划和布置。其典型案例有 1951 年由密斯·凡·德罗设计的范斯沃斯住宅，他试着将自然、房子和人融入一个更和谐统一的环境中。整个居住空间由 8 根柱子抬高 1.6m 做架空处理，置于玻璃外的 8 根工字钢柱撑起楼板和屋顶，建筑外墙几乎都用玻璃作为墙体，使室内空间与室外环境融为一体，极大地拓展了空间视野。

密斯·凡德罗的理想是建立一个畅通无阻的空间，为居住者留出最大的弹性，范斯沃斯住宅更像是一个迷你版模型。厨房、两套卫浴、火炉和机房等服务空间被集中成为核心，密斯认为这种空间及布置方式最能契合工业时代。尽管使用了大量工业材料，密斯还是用罗马洞石和位于室内服务核心区的木饰面平衡了工业材料带来的冰冷感觉。除了建筑物的功能，密斯还通过材料、比例和尺度强调出显著的美学特征，将他感知到的最深处的秩序在空间和形式上表现出来，用一种简单、纯粹的形式呈现出千变万化的自然效果，如图 6-1 所示。这也是现代居住空间所追求的，用丰富的色彩、最新材料与技术强调显著美学特征，用多变形式体现深层秩序，用弹性空间协调人与自然共处。

在一个既定的居住空间里将风格、功能、样式、家具都融入其中，并且顾及采光、通风、使用等因素，需要对其进行精细化设计。下面通过对居住空间的功能空间的分析，理解居住空间设计的方法和技巧。

图 6-1 范斯沃斯住宅

同学们仔细看看这个设计的客厅部分，其采用全落地玻璃设计，将室外景观很好地引入了室内，形成了内外空间的有效交流，对于这种设计理念，大家有什么见解？

二、学习任务讲解

1. 玄关设计

居住空间按功能分区不同分为玄关、起居室、客厅、餐厅、厨房、卧室、卫生间、书房、贮藏室、工人房、阳台、洗衣间、车库、设备间等。

（1）玄关的概念。

玄关是居住空间的门面，也是外来访客的第一印象，要注意其空间氛围的营造。玄关位于室内空间的入口处，光线一定要明亮，可以依据功能的需求合理安排灯光效果，通过吸顶灯、筒灯、射灯、轨道灯等实现直接照明和间接照明，并营造温馨的氛围。正常的单人通道宽度应该在 800mm 以上，但我们通常要在玄关弯腰穿鞋，这时就需要不少于 900mm 的宽度。当玄关宽度达到 1300mm 时，即使两人在玄关活动也不显拥挤。正常鞋柜进深以 350mm 为宜，但如果要放置鞋盒，进深就要达到 400mm。如图 6-2 所示是一些玄关设计图片，大家看看存在哪些问题？

图 6-2 玄关设计

从图 6-2 可以总结出以下问题：私密性不强，一入户就直接进入客厅；玄关储物空间不够，收纳功能不足；采光不好，空间不够明亮；等等。

（2）玄关类型。

玄关按户型划分可以分为独立型玄关、门厅型玄关、走廊通道型玄关和无门厅玄关。

① 独立型玄关如图 6-3 所示，它有单独的空间用来收纳和出行换装。它的空间面积较大，布置柜子收纳鞋，亮格柜展示藏品和放置钥匙、小物品，衣柜悬挂外出衣包，沙发凳方便孩子和老人换鞋；还可以布置绿植来美化环境，营造舒适、自然的空间氛围，如图 6-4 所示。

图 6-3 独立型玄关平面图　　　　　图 6-4 独立型玄关

② 门厅型玄关如图 6-5、图 6-6 所示，其空间较为紧凑，由两面墙围合成相对独立的空间，可以满足最基本的空间功能需求。门厅型玄关处常定制靠墙"顶天立地"式多功能玄关柜，将收纳和展示功能整合起来，提高空间的利用率；或做成半通透形态的隔断墙面，使空间更加连续；还可以运用曲线的装饰效果，提升玄关的艺术美感，体现主人的审美品位。对于面积较小的门厅型玄关，镜面设计既可以拉伸空间感，又具备换装的使用功能；浅色调的运用也可以使空间显得更加宽敞。玄关是常用的出入口，选择石材或陶瓷地砖作地面装饰材料不仅便于清洁，而且可以更加自然地与客厅衔接。

图 6-5 门厅型玄关平面图　　　　图 6-6 门厅型玄关

③ 走廊通道型玄关是进入客厅的过渡空间，呈狭长的走廊形状，可以在侧面布置玄关柜，也可以在走廊或过道尽头布置景观柜，兼具收纳和装饰功能，如图 6-7 ~ 图 6-9 所示。

图 6-7 走廊通道式玄关平面　　6-8 中式风格玄关　　图 6-9 现代简约风格玄关

④ 无门厅玄关是指没有具体的限定性空间作为玄关，进门就是横向的过道或装饰墙。这种玄关更注重展示功能，正对大门的景观装饰墙成为视觉焦点，突出装饰效果；景观墙前摆放一个小巧的景观柜，突出层次感，如图 6-10 ~ 图 6-12 所示。

图 6-10 无门厅玄关平面图　　图 6-11 景观柜　　图 6-12 景观墙

无门厅玄关常设置多功能玄关，既可以满足更多的收纳功能，又起到阻隔空间的作用，如图 6-13 所示。也可以布置有挂衣、收纳、换鞋等功能的综合玄关柜，如图 6-14 所示。还可以使用半隔断屏风，保持空间通透，如图 6-15 所示。

图 6-13 无门厅玄关　　　图 6-14 综合玄关柜　　　图 6-15 半隔断屏风

无门厅玄关还可以将玄关柜靠墙放置，最大限度地利用空间。玄关柜下面可以架空放鞋，上面用作收纳，使客厅与餐厅形成更加通透的格局，如图 6-16 和图 6-17 所示。

图 6-16 靠墙玄关　　　图 6-17 靠墙放置玄关柜的无门厅玄关

无门厅玄关常用造型各异的隔断柜来灵活组合、划分空间，如图 6-18～图 6-20 所示。隔断柜既通透又有收纳功能，既有装饰效果又有使用功能，可以最大程度地节省和利用空间，是目前全屋定制家具的主流。

图 6-18 隔断　　　图 6-19 金属屏风　　　图 6-20 定制隔断柜

（3）玄关的功能需求及其解决方案。

玄关的功能需求主要有以下几点。

① 放置进门和出行的随身物品。设置台面放置挎包、钥匙、手机、门禁卡、雨伞等随身物品，小空间可设置格架或挂钩。

② 放置外套和换装镜。设置进门后挂放外套的空间和换装镜。

③ 收鞋和换鞋。收纳鞋子的柜子空间要充足；为了方便老人、儿童或客人换鞋，要设置换鞋和擦鞋的坐具。

玄关的功能需求解决方案主要有以下几点。

① 解决物品收纳问题。鞋子、雨伞、挎包等物品的收纳要注意干湿分区。收纳空间要高效利用，如图6-21所示。可以根据玄关空间的尺寸定制集收纳和展示于一体的玄关柜，最大限度地利用空间，如图6-22所示。

② 解决空间分割与遮挡问题。空间的适当分割与遮挡可以提高空间的私密性，不会使来访者一进门就看穿整个室内空间。玄关的分割与遮挡尽量做到隔而不断，既要阻隔视线，又要尽量减少空间的压抑感，如图6-23所示。

图6-21 高效收纳区

图6-22 收纳和展示一体的玄关柜

图6-23 玻璃屏风

（4）玄关设计要点。

① 鞋柜深度大于或等于350mm。隔板高度为：平底鞋、童鞋120mm，低跟鞋160mm，高跟鞋180mm。鞋柜底部可以预留150mm的架空高度，放置常穿的鞋，方便拿取及打扫。

② 换鞋凳高度在400mm左右，宽度为400～500mm。

③ 凹位台面是玄关使用率最高的地方。台面离地900～1000mm，深度350mm，与人的手肘高度基本齐平，方便随手放置手机、钥匙、手表等物品。

④ 单双边玄关柜的定制要依据空间大小来确定，保证通道宽度不小于800mm。玄关柜一般做到顶，避免柜顶藏灰尘，同时增加收纳面积。其风格和样式要与室内整体的风格样式协调统一，如图6-24所示。

图6-24 定制玄关柜

2. 客厅设计

（1）客厅的概念。

客厅又称"起居室"，是居住空间内会客、交友的公共活动区域，主要由会客接待区和视听区组成。会客接待区是以几组沙发或座椅围合成的用于聚会交谈的区域，视听区一般由电视柜和电视背景墙组成。电视背景墙是客厅中最引人注目的位置，也是客厅的视觉中心。客厅设计能体现主人的品位、喜好和生活情趣，是整个居住空间的中心，也是设计和装饰的重点。不同风格的客厅如图 6-25 ~ 图 6-28 所示。

图 6-25 北欧风格客厅　　图 6-26 开敞式客厅　　图 6-27 现代风格客厅　　图 6-28 轻奢风格客厅

（2）客厅的布局。

① 以视听区为中心的布局形式。以电视背景墙为中心发散性地布置沙发和座椅，如图 6-29 所示。古典欧式风格客厅以壁炉为中心，其核心区域更明显，如图 6-30 所示。

图 6-29 视听区为中心的布局形式　　图 6-30 古典欧式风格客厅

② 以会客接待区为中心的布局形式（围合式）。不设置电视，用沙发组合形成会客接待区，客厅的主要功能是聚谈，如图 6-31 和图 6-32 所示。

图 6-31 围合式客厅俯视图　　图 6-32 围合式客厅

③ 均衡的布局形式。多人沙发面对面排放，视距在 1500 mm 左右，这种布局便于长时间交谈，如图 6-33 所示。

图 6-33 均衡式客厅

④ 完全对称的布局形式。这种布局使谈话显得更加正式，空间更加规整、庄重，如图 6-34 所示。

图 6-34 对称式客厅

⑤ 自由式布局形式。大件家具紧凑排列，留一块娱乐区作为一家人游戏、阅读、休闲的区域（尤其适用于有 2～6 岁小朋友的家庭），如图 6-35 所示。

图 6-35 自由式客厅

（3）客厅动线设计。

动线是人们完成某一系列动作而走的路线，例如吃饭时从客厅走到餐厅的路线。动线关系到空间的使用，一定要按照家庭成员的生活习惯来设计。

客厅动线设计要力求出入方便，避免斜插路线影响交谈或视听。其平面布局要考虑客厅的视觉平衡，可以留出一定的空间，但应功能紧凑，且不影响人员走动。两个门靠同一面墙时，沿对墙或角落布置家具；在两个对墙上时，以两个门形成的直线为过道，两边摆放家具。有三个或多个门时，以门与门之间的边线为过道，分功能区域摆放家具。客厅动线无论侧边通过还是中间穿过式，都应该确保进入路线顺畅，其过道宽度一般在900mm左右，也可根据空间的大小适度调整。

（4）客厅电视背景墙设计。

客厅电视背景墙设计主要有以下几种。一是对称式，即中轴线左右两边的造型协调一致，给人以稳定、和谐的感觉，如图6-36所示。二是重复式，即某一视觉元素在背景墙上重复出现来形成装饰效果，给人以秩序感，如图6-37和图6-38所示。三是构成式，即运用加减法对背景墙进行造型的变化处理，形成立面的构成感，如图6-39所示。四是材料多样式，即运用多样化的材料设计背景墙，体现不同质感材料的视觉效果，如图6-40所示。

图6-36 对称式背景墙

图6-37 书架重复出现

图6-38 展示架重复出现

图6-39 构成式背景墙　　　　图6-40 书柜背景墙

随着时代的发展，电视在客厅里的作用慢慢弱化，不少设计会把电视隐藏或伪装起来，如图6-41~图6-44所示。

图6-41　　图6-42　　图6-43　　图6-44

图 6-41：带有木框和旋转显示的艺术图像的三星框架电视与环境融为一体。

图 6-42：光滑、整洁的滑动面板，将电视隐藏在其中。

图 6-43：壁炉上方的宝塔形柜子内隐藏着电视。

图 6-44：电视放映完毕后，可切换到"画廊模式"，超薄的设计让它看起来像一件艺术品，而不是一个黑洞或黑板。

（5）客厅色彩、采光与照明设计。

客厅色彩设计首先与风格相关。例如欧式风格客厅崇尚奢华感，以浅黄色、金色和咖啡色为主色调；中式风格客厅讲究儒雅的气质，以淡黄色、褐色和青色为主色调；现代风格客厅则多以黑白灰为主色调，营造简约、舒适的空间氛围。其次，要注意色彩分量和比例的控制，浅灰色作为背景色分量要大一些，纯度较高的颜色是点缀色，所占比例应相对小一些。最后要充分考虑气候、环境、朝向和个人喜好等因素，例如阳光充足的南向客厅可采用偏冷的色调，北向客厅可选用偏暖的色调；在炎热的南方，客厅更适合以冷灰色作主色调，而北方较为寒冷，暖色可以让客厅更加温馨。客厅色彩设计如图 6-45 所示。

客厅采光设计如图 6-46 所示，以自然采光为主，照明设计要兼具装饰性与实用性，客厅的采光与照明以舒适、明亮为主，不仅要满足基本的聚谈、娱乐功能，还需利用照明突出空间的层次感，进一步渲染环境、营造气氛。可用窗帘来调节自然光线的变化，用纱帘使光线更加柔和。客厅常选用双层窗帘，增强空间的厚重感和层次感，也使视听区获得良好的视听效果。客厅的灯具包括装饰吊灯、壁灯、筒灯、落地灯、暗藏灯带等，除满足基本的功能性照明外，还具有一定的装饰效果。

图 6-45 客厅色彩设计

图 6-46 客厅采光设计

三、学习任务小结

通过本节学习，我们了解了玄关和客厅设计方法，也赏析了很多优秀作品，提高了自身的设计修养和审美情趣。课后，同学们要多赏析不同类型玄关和客厅设计的表现形式，理解其创作需求和设计思维，深入挖掘其实用价值和文化内涵，全面提高自己的设计审美及表达能力。

四、课后作业

（1）收集 6 幅优秀的玄关和客厅设计作品进行赏析，就每幅作品中主人的行为习惯、设计师已解决的功能需求，各撰写 200 字左右的赏析文字，并制作成 PPT。

（2）绘制玄关和客厅设计手绘草图各 2 幅。

学习任务二 卧室设计

教学目标

（1）专业能力：认识和理解主卧室、儿童卧室及老人卧室设计的基本功能。

（2）社会能力：通过小组案例设计与分析、讲解，提升表达与交流能力。

（3）方法能力：实践操作能力，专业图纸绘制能力，资料整理和归纳能力。

学习目标

（1）知识目标：根据主卧室、儿童卧室和老人卧室的布局、风格、材料进行功能区规划、立面造型设计、色彩搭配和家具布置。

（2）技能目标：从优秀的卧室设计中总结设计方法和技巧。

（3）素质目标：通过鉴赏优秀的卧室设计作品，提高设计能力。

教学建议

1. 教师活动

（1）教师对前期搜集的优秀卧室设计作品进行展示，运用多媒体课件、教学视频等多种教学手段，进行知识点讲授和作品赏析。

（2）引导学生对优秀卧室设计作品进行分析，并讲解设计要点与方法。

（3）引导学生进行小组讨论，鼓励学生积极表达观点。

2. 学生活动

（1）认真听课，观看并学会欣赏作品，加强对卧室设计的理解，积极大胆地表达看法，与教师良好地互动。

（2）认真观察与分析，保持热情，学以致用，加强实践与总结。

一、学习问题导入

卧室主要包括三种类型,即主卧室、儿童卧室和老人卧室。这三种卧室由于针对的对象年龄、性格、喜好的差异,在设计上也会呈现不同的形式。例如儿童卧室设计要考虑儿童爱玩、好动的天性,色彩要艳丽;老人卧室设计则要营造优雅、舒适、宁静的空间氛围。人每天花在睡眠上的时间是最多的,因此卧室空间设计格外重要,整体原则是温馨、舒适、宁静,利于休息和睡眠。常见的卧室空间标配包括床、床头柜、衣柜和梳妆台,如图6-47所示。

图6-47 卧室空间的标配

卧室是住宅中私密性最强的区域,其主要功能就是使人毫无压力且顺畅地进入睡眠,其他如卸妆(上妆)、更衣、读书、上网、看电视等是卧室的衍生功能。卧室主要用于休息和睡眠,睡眠质量直接影响人的身心健康。因此,墙面和地面的选材都要避免能使人兴奋的高纯度色彩和高彩度色彩,灯光也要温馨、柔和。

二、学习任务讲解

1. 主卧室设计

主卧室是居住空间主人休息和睡眠的场所,是卧室中面积最大、功能最全、位置最好的空间,其设计应该注意以下几点。

(1)风格应与居住空间的整体风格保持一致,体现空间设计的整体性,如图6-48和图6-49所示。

图6-48 现代风格主卧室

图6-49 自然风格主卧室

（2）采光和通风要良好，床头尽量靠墙摆放，该墙面不宜作为主卧室和卫生间的分隔墙，以免影响睡眠。床的朝向以人睡眠时头朝北、脚朝南为宜，与地磁场的方向吻合，以利于睡眠。

（3）面积要适中，一般为 20～30m²，太小会显得局促和压抑，太大会显得空旷和寂寞。

（4）安全性和私密性设计非常重要。床头背景墙是装饰的重点，既要美观也要实用，常用软包或墙纸。地面常用弹性较好的实木地板。床一般不正对门，以保证一定的私密性。不在床对面放置梳妆镜或穿衣镜，以免造成心理恐惧。主卧室安全性和私密性设计案例如图 6-50 所示。

图 6-50 主卧室安全性和私密性设计案例

（5）主卧室由睡眠区、储藏收纳区和梳妆阅读区三部分组成。睡眠区是主要区域，由床、床头柜、床头背景墙组成，常采用对称式布局，方便主人使用。床头柜摆放在床的两侧，配置台灯、壁灯或低位的吊灯，提供阅读光线。储藏收纳区的主要功能是储藏和收纳衣服，面积较大的主卧室可以单独设置衣帽间，面积较小的主要采用整体衣柜。梳妆阅读区可以满足主人梳妆阅读、书写和看电视的需求，可配置梳妆台、梳妆镜、学习工作台等。

（6）要注意家具的功能性和舒适度，避免大面积使用坚硬和冰冷的材料，选用色彩柔和、清新、淡雅的装饰材料。

（7）灯光以暖色系为主，不宜过亮，以营造宁静、温馨的空间氛围。床头上方一般采用吸顶灯，两侧可放置台灯、夜灯。

2. 儿童卧室设计

儿童卧室设计的对象是幼儿和青少年，统称儿童（未成年人）。他们也有自己的兴趣爱好、个性和想法，因此儿童卧室的设计不能完全按照主卧室的模式，要体现儿童喜欢的元素。如图 6-51 所示的设计案例中，可以找出很多儿童卧室设计的共性，如纯度高的色彩、柔软的毛绒玩具、可爱的动植物等。

图 6-51 儿童卧室

儿童卧室是儿童成长和学习的主要空间，可划分为休息区、娱乐区和学习区。其设计要考虑儿童年龄、性别和性格，以及娱乐、休息、学习的功能需求，旨在保证儿童健康成长，并培养其独立的性格和良好的生活习惯。应根据婴儿期、幼儿期和青少年期三个不同年龄阶段的儿童性格特点及生理、心理特征来进行设计。

（1）婴儿期（0～1岁）。

婴儿床通常设置在主卧室的育婴区，儿童卧室的主要功能是给婴儿提供玩耍的空间。家具材料质地柔软、环保，可布置益智的玩具，陈设品要鲜艳、生动、有趣，留出足够的空间给婴儿爬行、玩耍，如图6-52所示。

图6-52 婴儿卧室

（2）幼儿期（1～6岁）。

幼儿期也称"学前期"，该年龄阶段的儿童生活自理能力不足，其卧室应与主卧室相邻。任何笨重的、具有尖角设计的家居产品都有安全隐患，应当少用。可适量设置绵软轻薄、透气舒适的布艺制品以及体型适中的陈设、玩偶挂件。

幼儿期儿童卧室设计的重点是睡眠区的安全性、游戏区的宽敞性和学习区的整洁性。家具应采用柔软、环保的材料，边角要修成圆角，保证儿童活动安全。家具色彩艳丽并带有趣味性，以激发儿童的想象力和创造力。墙面和天花造型设计可以提取儿童喜欢的动画角色或其他趣味元素融入设计中，如女孩子喜欢的猫咪图案，男孩子喜欢的机器人等。

幼儿期儿童卧室常采用仿生设计，将自然界的动植物作为设计元素应用到造型设计和图案设计中。根据幼儿期儿童好奇、好动的特点，如果空间允许可以划分出一块供儿童独立玩耍的区域，地面上铺木地板、地毯或泡沫地板，墙面上给儿童留出涂抹的空间，如图6-53所示。

图6-53 幼儿期儿童卧室

（3）青少年期（6～18岁）。

青少年期是儿童身体与心智发展的重要时期，也是获得知识的黄金时期。该年龄阶段的儿童逐渐形成系统的社会及自我认识，渴望独立，富有想象力，好奇心强。青少年期儿童的重心是读书学习，因此其卧室的核心区域应该从娱乐区转变为学习区，如图6-54所示。学习区由写字台、电脑桌、书架和书柜组成。男孩子卧室可选用绿色、蓝色等冷色系，女孩子卧室可选用粉色、粉紫色等暖色系。

图 6-54 青少年期儿童卧室

3. 老人卧室

老人卧室设计应以稳重、静逸为主，如图6-55所示。以低纯度、低彩度的色彩为主色调，无须过多的装饰，可以摆放老物件以装饰空间、寄托情感。家具尺度合理，尽量使用圆角家具，避免使用低矮家具，床两侧过道要宽敞。收纳性家具不能太高或太低，以免取物不方便。材料使用追求质地和舒适感，少用坚硬材料，避免磕碰受伤。可设置小夜灯，方便起夜。

图 6-55 老人卧室

三、学习任务小结

通过本节学习，我们了解了主卧室、儿童卧室和老人卧室的设计方法。课后，同学们要多赏分析不同类型卧室设计作品，深入挖掘其实用价值和文化内涵，归纳和总结卧室设计的方法和技巧，全面提高自己的设计能力。

四、课后作业

（1）收集10幅优秀的卧室设计作品进行赏析，各撰写200字左右的赏析文字，并制作成PPT。

（2）绘制1幅卧室设计手绘草图。

学习任务三 餐厅和书房设计

教学目标

（1）专业能力：认识、理解餐厅和书房设计的基本功能。

（2）社会能力：通过课堂师生问答、小组讨论，提升表达与交流能力。

（3）方法能力：学以致用，加强实践，通过欣赏、分析，开展餐厅和书房设计创作验证方法，提升实践能力，积累经验。

学习目标

（1）知识目标：根据餐厅和书房的布局、风格、材料进行功能区空间划分、色彩搭配和家具布置。

（2）技能目标：从优秀的餐厅和书房设计中总结设计方法和技巧。

（3）素质目标：鉴赏优秀的餐厅和书房设计作品，提高设计能力。

教学建议

1. 教师活动

（1）教师对前期搜集的优秀餐厅和书房设计作品进行展示，运用多媒体课件、教学视频等多种教学手段，进行知识点讲授和作品赏析。

（2）引导学生对优秀餐厅和书房设计作品进行分析，并讲解设计要点与方法。

（3）引导学生进行小组讨论，鼓励学生积极表达观点。

2. 学生活动

（1）认真听课，观看并学会欣赏作品，加强对餐厅和书房设计的理解，积极大胆地表达看法，与教师良好地互动。

（2）认真观察与分析，保持热情，学以致用，加强实践与总结。

一、学习问题导入

餐厅的主要功能是满足就餐需求。建筑师路易斯·康在其代表作玛格丽特住宅中给餐厅设置了很大一块区域，其开放式的设计理念、温馨的就餐氛围营造，使该餐厅成为整个住宅中的一抹亮色，如图 6-56 所示。

图 6-56 玛格丽特住宅餐厅

二、学习任务讲解

1. 餐厅设计

（1）餐厅的概念。

餐厅是家庭成员就餐的场所，是居住空间中的公共活动空间之一，它像一个中心纽带，把厨房和客厅有效地联系起来。

（2）餐厅的类型。

① 独立式餐厅：将一个单独的空间作为餐厅。这是最理想的餐厅类型，可以减少外界的干扰，营造一个独立、幽静、舒适的用餐环境，如图 6-57 所示。

图 6-57 独立式餐厅

② 客厅与餐厅一体式。这是现代居住空间中比较常见的一种形式。设计时要注意餐厅与客厅之间的分隔技巧，既要实用又要美观，可以通过采用不同形式、色彩、图案、材质的地板来区分空间，也可以用半通透的隔断来区分空间，如图 6-58 所示。

③ 餐厅与厨房一体式。将餐厅和厨房相连，厨房采用开放式设计。这种类型的餐厅可以提高空间的通畅性，使空间更加开阔、舒展，如图 6-59 所示。

图 6-58 客餐厅一体式　　图 6-59 餐厅与厨房一体式

（3）餐厅家具尺寸。

餐厅家具主要有餐桌、餐椅、餐边柜和酒柜。

餐桌包括圆形餐桌和方形餐桌。正方形四人餐桌的边长为760mm。长方形六人餐桌的长为1200mm，宽为800mm。圆形餐桌的半径为450mm～600mm。餐桌高为710mm，餐椅高为415mm。椅子周边要留宽600mm以上的通道便于上菜。

（4）餐厅陈设及天花。

餐厅陈设既要美观又要实用。一般用桌布、烛台、花瓶等工艺品来装饰餐桌，如图6-60所示。桌布尽量选用化纤类布艺材料，易清洗且耐用。餐具的选择也很讲究，碗和碟的样式要与餐厅整体的风格和格调吻合。餐厅天花可做成二级吊顶造型，暗藏灯光，增强灯光的层次性，美化就餐环境。餐厅吊灯造型要别致，亮度要高，以便使菜品的色泽更好地呈现出来。

图6-60 餐桌上的软装饰

2. 书房设计

书房是家庭成员学习、阅读、工作的场所，以明亮、宁静、雅致为设计原则，如图6-61～图6-63所示。人在安静的环境中，注意力更集中，学习和工作的效率更高。因此，书房最好选择独立的房间，以便营造安静的环境。窗户可以用双层中空隔音玻璃，并采用平开窗方式使其密封性和隔音性更好，有效阻隔窗外噪音。书房的色彩不能太艳丽，宜用低纯度、低彩度的色彩，以减缓疲劳度。采光要充足，光线要明亮，以免影响视力。书桌宜布置在靠近窗户并与窗户成90°角的侧面，保证充足的采光。长臂台灯特别适用于书房照明。

书房家具包括书桌、办公椅和书柜等。书桌高度为750～800mm，桌下净高不小于580mm；办公椅高度为400～450mm；书柜深度为300mm，高度为2100～2300mm。书柜样式繁多，整墙式书柜可以增加收纳空间；吊柜式书柜能节约地面空间，适用于小户型；入墙式书柜除能储物、放书外，还能装饰墙面，丰富立面层次。

图6-61 现代风格书房

图 6-62 中式风格书房

图 6-63 欧式风格书房

三、学习任务小结

通过本节学习,我们初步了解了餐厅和书房的设计原则和方法。课后,同学们要多赏析不同类型、风格的餐厅和书房设计案例,归纳总结餐厅和书房设计方法和技巧,深入挖掘其亮点和特色,全面提高自己的设计能力。

四、课后作业

(1)收集 4 幅优秀的餐厅和书房设计作品进行赏析,各撰写 200 字左右的赏析文字,并制作成 PPT。
(2)绘制餐厅和书房设计手绘草图各 2 幅。

厨房和卫生间设计

教学目标

（1）专业能力：认识和理解厨房和卫生间设计的基本功能。

（2）社会能力：通过课堂 PPT 讲演、小组讨论，提升表达与交流能力。

（3）方法能力：学以致用，加强实践，通过欣赏、分析，展开厨房和卫生间设计创作方法讨论，提升实践能力，积累经验。

学习目标

（1）知识目标：根据厨房和卫生间的使用要求进行功能区空间划分、色彩搭配和橱柜、卫浴设备布置。

（2）技能目标：从优秀的厨房和卫生间设计中总结设计方法和技巧。

（3）素质目标：通过鉴赏优秀的厨房和卫生间设计作品，提升专业兴趣，提高设计能力。

教学建议

1. 教师活动

（1）教师对前期搜集的优秀厨房和卫生间设计作品进行展示，运用多媒体课件、教学视频等多种教学手段，进行知识点讲授和作品赏析。

（2）引导学生对优秀厨房和卫生间设计作品进行分析，并讲解设计要点与方法。

（3）引导学生进行小组讨论，鼓励学生积极表达观点。

2. 学生活动

（1）认真听课，观看并学会欣赏作品，加强对厨房和卫生间设计的理解，积极大胆地表达看法，与教师良好地互动。

（2）认真观察与分析，保持热情，学以致用，加强实践与总结。

一、学习问题导入

厨房是家庭中使用较频繁的区,一般厨房存在的共性问题主要有以下几点:① 空间狭小拥挤,操作区布置不合理;② 台面太小,收纳空间不足,物品摆放杂乱;③ 光线不足,灯光昏暗。

本节将以上面的问题为切入点,来认识厨房设计的要领;掌握人的烹饪习惯以及因其形成的厨房布局;了解厨房物品的使用频率和人的收纳习惯,学会将厨房物品进行合理分类;了解如何改善空间的采光,使厨房显得更加干净、明亮。

二、学习任务讲解

1. 厨房设计

(1)厨房的概念。

厨房是供居住者烹饪美味佳肴、进行炊事活动的空间。现代厨房已进入科技化、智能化时代,以安全、高效、卫生、实用为设计原则。

(2)厨房设计的三角区法则。

厨房烹饪操作的主要区域是一个由储存(拿菜)区、洗涤(洗菜、切菜)区和烹调(炒菜)区形成的三角形区域,也称"设计三角",即将水池、冰箱和灶台安放在一个三角形区域中,其间距不超过1m,一般三边之和以4.6～6.7m为宜,过长或过短都会增加工作强度、降低工作效率。但是在所有户型中都设计三角形操作区域是比较困难的,特别是小户型。因此,设计厨房时要充分了解使用者的特点和烹饪习惯,高效地利用空间。

(3)厨房的三种基本结构形式。

① 封闭式厨房:将一个完整、独立的空间作为厨房。这种厨房和其他空间联系较少,对其他空间的干扰较小。

② 全开放式厨房:将厨房和用餐空间联系起来,除去厨房与餐厅的隔墙,做成全开放式,使整个空间更加通透、开阔,如图6-64所示。

③ 半开放式厨房:将厨房与用餐空间简单地隔断,使其既保持各自的独立性,又有紧密的联系,如图6-65所示。

图6-64 开放式厨房　　　　　　　　　　图6-65 半放式厨房

（4）厨房的七种布局形式。

① 单边式：将储存区、洗涤区和烹调区设置于同一工作面上，工作流线呈一条直线，如图6-66所示。单边式是小面积厨房常用的一种布局，可以节省空间，但操作效率会比其他布局低。操作台宽度以650～700mm为宜。

② 双边式：又称"走廊式"布局，适用于宽度不小于2m的厨房，储存区、洗涤区与烹调区之间隔着过道，适合多人备餐，空间利用率高，功能分区明确，见图6-67所示。

③ "G"形：整个空间布局呈现"G"的形状。适用于面积较大的厨房，可以使操作和储存空间更加充足。见图6-68所示。

图6-66 单边式厨房设计

图6-67 双边式厨房设计　　　　　图6-68 "G"形厨房

④ "L"形：整个空间布局呈现"L"的形状，是一种经济型厨房布局形式，它将储存区、洗涤区和烹调区设置于两墙相接的位置，适用于狭长的厨房，如图6-69所示。

图6-69 "L"形厨房

⑤ "U"形：整个空间布局呈现"U"的形状，沿连续的三面墙布置洗、切和烹调区，洗涤池在一侧，切和烹调区相对布置。这样能形成较合理的厨房工作三角形，且操作路线短，操作效率高，如图6-70所示。"U"形厨房的过道最窄为900mm，厨房宽度不小于2.5米。

图6-70 "U"形厨房

⑥ 岛形：沿厨房四周布置橱柜，在厨房中央设置"中心岛"（一般为小餐桌、小酒吧台或料理台等），适用于面积不小于15m²的厨房，如图6-71所示。它的优势是可以使厨房与餐厅的人进行交流。操作台常留出部分区域作为小吧台使用，宽度在900mm以上。常规型岛台宽600mm；橱柜宽600mm，高800～860mm，与上方的储物柜间隔650～800mm；储物柜一般宽350mm。橱柜与岛台之间的通道宽度宜为1100mm，岛台与餐厅之间的通道宽度不应小于900mm。为避免食物在灯光的投射下产生阴影，吊灯应安装在桌面的正上方，餐桌上方的吊灯距离桌面宜为800mm。

图6-71 岛形厨房

⑦ 薄形：将厨房的一个操作台做成较薄的柜台的形式，拓展台面的操作空间和储藏空间，如图6-72所示。这种布局要求厨房的通道宽度为1100mm。橱柜宽度台面大于或等于600mm，台面距离地面800～850mm，距离上方存放柜650～800mm，上方存放柜宽度为300mm。

薄形厨房可以做成厨房岛加吧台的形式，即将岛台与吧台相结合，形成一个整体，既可以隔断厨房与其他空间，也可以提供更大的操作、收纳和休闲空间，如图6-73所示。

图6-72 薄形厨房　　　　　　　　　图6-73 厨房岛加吧台

薄形厨房还可以做成厨房岛加餐桌的形式，即在餐桌椅的旁边做岛台，岛台上设置一个洗手池，岛台面可以与餐桌面齐平，也可以略高或略低，厨房岛加低位餐桌如图6-74所示。

（5）厨房的装饰材料选用。

厨房的装饰材料应选择色彩明亮，表面光洁，防水、防磨、防滑，方便清洁的。地砖选择以防水、防滑、耐脏、耐磨为标准，常用面积小的具有磨砂效果的陶瓷砖和玻化砖。墙砖首选具有良好的防污和防渗效果的釉面瓷砖。顶面常选用防火、抗热、易清洗易拆卸的铝扣板天花、防水石膏板和防水涂料。台面常用坚硬、耐高温、防潮、易清洗的石材，如花岗石、天然大理石、人造大理石等，如图6-75和6-76所示。台面前后都要设置挡水条，防止灶台上的水沿着橱柜流到地面，既可以保持地面的干爽，又可以避免水流入橱柜内部，使板材发霉和腐烂。

图6-74 厨房岛加低位餐桌

橱柜内部材料必须易于清理，最好选用不易污染、易清洗、防湿、防热又耐用的材料。如防火双面板，其色彩丰富、耐高温、防潮、不易褪色，即美观又实用；又如不锈钢材料，前卫、时尚、耐高温、耐腐蚀、易清洗。常见的油烟机有顶吸式油烟机和侧吸式油烟机两种，顶吸式油烟机更符合空气对流原理，吸烟效果更好。油烟机的安装位置尽量靠近公共烟道，减少油烟传送距离，加快排烟速度。

图6-75 花岗石台面　　图6-76 天然大理石台面

（6）厨房风格的设计。

厨房风格要与居住空间整体风格协调，在色彩、材质、造型、配饰等方面与其他空间呼应。如图6-77所示，这间由史蒂文·甘伯尔设计的芝加哥复兴主义厨房中，天花板和墙壁上都覆盖着手工制作的玻璃瓷砖，定制的橡木切割地板以平面构成的样式排列，油烟机被漆成森林般的绿色。大理石台面及双水槽下古典柱式造型带着深厚的古典韵味。台面前后设置的挡水条，低位水槽台下盆，都体现出细节的精致。

图6-77 芝加哥复兴主义厨房

（7）厨房的采光、照明与通风设计。

可以通过开门或开窗的方式来获得自然光，使厨房更加明亮。

灯具常采用荧光灯，台面上方及吊柜下面可安装日光灯带，还可以选用筒灯和吸顶灯等增加厨房的温馨感，如图6-78所示。厨房通风设备有排风扇、排烟罩等。

（8）厨房的收纳设计。

厨房收纳空间总体设计原则是"上轻下重、中间常用"。储藏区的底柜可分三层，第一层放置调味料等小件物品，第二层放置常用的餐具，第三层分类放置工具，如锅具、工具盒、瓶装清洗剂等。橱柜一般上层放小物件，中间放碗碟，底层放大件餐具，如图6-79所示。

图6-78　厨房照明　　　　　图6-79　岛台收纳

2. 卫生间设计

卫生间是洗漱和便溺的场所，其功能主要包括盥洗、淋浴和如厕。卫生间布局要遵循干湿分离的原则，即将洗漱区、如厕区与淋浴和泡澡区分开，保证两个区域的相对独立性，如图6-80所示。

卫生间的色彩设计可以选择个性化的颜色搭配。绿色墙面配上白色洗手台和马桶，使人仿佛置身于大自然之中，给人以舒适、休闲的感觉，如图6-81所示。黄色加白色给人以温馨的感觉，显得温暖而典雅，如图6-82所示。粉色是女性钟爱的色彩，营造浪漫与温情的氛围，如图6-83所示。酒红色醒目、富有热情，使空间呈现出古典的韵味，如图6-84所示。

图6-80　干湿分离的洗手间

图 6-81 绿色洗手间

图 6-82 黄色卫生间

图 6-83 粉色卫生间

图 6-84 酒红色卫生间

卫生间设计以舒适、实用、方便、安全为主，重点是洁具的布置及材料的搭配。地面要防水、防滑，并有一定的坡度向排水口倾斜。墙面常用光亮的瓷砖，天花用铝塑板、玻璃或防水漆，起到防潮、防霉变的作用。地面标高应略低于过道，起到防水作用。

沐浴间的尺寸为 900mm×900mm 或 900mm×1200mm，可以用玻璃或防水浴帘隔断。沐浴间形状有长方形、正方形和半圆形，其内设置花洒喷头、毛巾架、洗浴用品放置架等，也可做成浴缸的形式。

洗漱区包括洗手台、水龙头、毛巾架、化妆镜、镜前灯等，如图 6-85 所示。洗手台高度为 800～850mm，单个洗手台尺寸为 800mm×600mm。洗手台有面盆和底盆两种形式，常用陶瓷、玻璃和天然石材。

如厕区设置坐便器和小便器，其宽度不小于 750mm，家中有老人、小孩子的要设置专用扶手。

图 6-85　洗漱区设计

洗手台下的浴室柜是卫生间的重要收纳区。一般会专门定制，也可以买成品。浴室柜既不占空间，又能满足基本的收纳需求，如收纳洗漱用品、毛巾和杂物等，如图 6-86 所示。

图 6-86　洗手间收纳设计

卫生间可以用灯光效果来烘托格调、营造氛围、注入时尚因子，还能带来更加精致的空间感受，如图 6-87 所示。卫生间最好选用冷光源的防雾、防水节能灯。

图 6-87 洗手间灯光设计

三、学习任务小结

通过本节学习，我们了解到厨房设计以安全、实用为主，卫生间设计以舒适、方便为主。赏析了厨房和卫生间的优秀设计案例，提高了自身的设计修养和审美情趣。课后，同学们要多赏析不同类型厨房和卫生间的设计，归纳总结厨房和卫生间设计方法和技巧，逐步形成自己的设计方式、方法。

四、课后作业

（1）收集 20 幅厨房的布局图，并制作成 PPT 进行讲演。
（2）收集 20 幅卫生间的布局图，并制作成 PPT 进行讲演。

参考文献

[1] 贡布里希．艺术发展史 [M]．范景中，译．天津：天津人民美术出版社，2001．

[2] 王受之．世界现代设计史 [M]．北京：中国青年出版社，2002．

[3] 陈易．室内设计原理 [M]．北京：中国建筑工业出版社，2006．

[4] 张绮曼，郑曙旸．室内设计资料集 [M]．北京：中国建筑工业出版社，1991．

[5] 霍维国，霍光．室内设计教程 [M]．北京：机械工业出版社，2016．

[6] 童慧明．100 年 100 位家具设计师 [M]．广州：岭南美术出版社，2006．

[7] 尹定邦．设计学概论 [M]．长沙：湖南科学技术出版社，2016．

[8] 席跃良．设计概论 [M]．北京：中国轻工业出版社，2006．

[9] 潘吾华．室内陈设艺术设计 [M]．北京：中国建筑工业出版社，1999．